Mohammad Israr
Mohit B. Diwan

Sistema Lean Manufacturing: Otimização em Pequenas e Médias Empresas

Mohammad Israr
Mohit B. Diwan

Sistema Lean Manufacturing: Otimização em Pequenas e Médias Empresas

ScienciaScripts

Imprint
Any brand names and product names mentioned in this book are subject to trademark, brand or patent protection and are trademarks or registered trademarks of their respective holders. The use of brand names, product names, common names, trade names, product descriptions etc. even without a particular marking in this work is in no way to be construed to mean that such names may be regarded as unrestricted in respect of trademark and brand protection legislation and could thus be used by anyone.

Cover image: www.ingimage.com

This book is a translation from the original published under ISBN 978-620-2-31058-1.

Publisher:
Sciencia Scripts
is a trademark of
Dodo Books Indian Ocean Ltd. and OmniScriptum S.R.L publishing group

120 High Road, East Finchley, London, N2 9ED, United Kingdom
Str. Armeneasca 28/1, office 1, Chisinau MD-2012, Republic of Moldova, Europe
Printed at: see last page
ISBN: 978-620-8-34191-6

Resumo

A implementação do lean ajuda muitas organizações a melhorar a sua produtividade e eficiência; por outro lado, muitas organizações não conseguiram beneficiar da filosofia lean. O facto de não se obterem os resultados esperados com a implementação do Lean não se deve à limitação do Lean a um tipo específico de organização, mas sim à sua conceção da filosofia Lean, que é um dos principais factores de insucesso. O pensamento Lean teve origem no sector da indústria automóvel e difundiu-se amplamente nas indústrias discretas; no entanto, o desafio atual é implementar a filosofia Lean nas PME e em diferentes organizações, independentemente do tipo, dimensão ou missão da organização candidata. O fabricante de bombas submersíveis é um exemplo ideal do sector das PME e será utilizado para demonstrar que a filosofia Lean é aplicável a todos os diferentes tipos de organizações. São numerosos os desafios que as PME enfrentam nos ambientes competitivos actuais; um dos principais desafios é a capacidade das PME de adoptarem e introduzirem abordagens e técnicas de melhoramento através das quais é possível obter uma melhoria global. A necessidade de melhorar a eficiência das PME é amplamente reconhecida, a fim de reduzir as taxas de inatividade e satisfazer os elevados níveis de procura do mercado. Em resposta a este respeito, esta tese investigou e abordou a implementação da filosofia lean nas PME (indústrias de bombas submersíveis).
A principal contribuição deste estudo é transmitir a mensagem aos decisores de que a filosofia Lean é a solução proposta através da qual a indústria contínua e os diferentes tipos de organização podem ser melhorados através da eliminação ou minimização de desperdícios e actividades sem valor acrescentado na linha de produção.

Esta investigação levou à constatação de que as PME podem beneficiar da implementação da filosofia Lean quando a missão, as metas e os objectivos da organização forem clarificados e comunicados a todos os níveis da organização. Além disso, as barreiras e os obstáculos devem ser eliminados através da alteração da cultura organizacional e da capacitação das pessoas para participarem no processo de identificação e resolução de problemas.

ÍNDICE DE CONTEÚDOS

CAPÍTULO 1

INTRODUÇÃO

1. 1FUNDAMENTO

No domínio da engenharia mecânica, há duas grandes revoluções. A primeira é o sistema de produção em massa, introduzido por Henry Ford, e a segunda é o sistema de fabrico enxuto, introduzido pela empresa Toyota no Japão, que ficou conhecido como sistema de produção Toyota. O sistema de fabrico enxuto é amplamente conhecido como sistema de produção enxuta ou filosofia enxuta.

A filosofia Lean deu início a uma nova era nas indústrias transformadoras. A ideia de Lean Manufacturing foi introduzida pela empresa Toyota no início da década de 1650. O principal objetivo do sistema Lean é utilizar menos e receber mais, eliminando ou minimizando os desperdícios e as actividades sem valor acrescentado dentro do sistema (Womack et al, 2003). Todas as indústrias têm como objetivo reduzir os seus custos, o tempo de execução, o tempo de ciclo e aumentar a produtividade e a qualidade do seu produto, bem como proporcionar a máxima satisfação do cliente. Muitas organizações consideram que o sistema tradicional de produção em massa não é adequado para se manterem competitivas no mercado. Para sobreviver na recente concorrência acirrada, na recessão e na situação global, elas perceberam a necessidade essencial de adotar a filosofia Lean.

A investigação empreendida tentará mostrar que o Lean Manufacturing não se limita apenas a um tipo específico de indústrias, mas pode ser aplicado com sucesso a todos os tipos de organizações de forma eficaz. A investigação irá estudar e desenvolver etapas padrão para a implementação do sistema Lean Manufacturing nas PME. O Lean Manufacturing não é apenas um estilo de gestão ou uma forma de produzir um produto melhor, é uma filosofia de produção para mapear o processo de produção global, desde a matéria-prima até ao produto final e até aos clientes. Chama-se "Lean" porque esta tecnologia ajuda o fabricante a produzir mais com menos tempo, inventário. Investimento de capital e menos recursos.

O investigador investiga a viabilidade do Lean e a implementação da filosofia Lean em duas PME diferentes em Ahmedabad, Gujarat, Índia, com o objetivo de aumentar a produção através da eliminação dos desperdícios e das actividades sem valor acrescentado.

1.2 ENUNCIADO DO PROBLEMA :

As PME têm os seus próprios problemas para sobreviver. Nesta tese, para o estudo de caso, o investigador escolheu indústrias de fabrico de bombas submersíveis na região de Ahmedabad. A bomba submersível encontra-se em todo o lado na vida quotidiana. Fornece os meios de produção básicos para os segmentos agrícolas e também é utilizada em aplicações domésticas para bombear a água no reservatório de água suspenso ou fornecer água para as culturas nos sectores agrícolas.

A bomba submersível é um dispositivo mecânico, pelo que, em última análise, o desempenho da bomba submersível depende do processo mecânico que é utilizado para a fabricar. Se todo o processo estiver correto, então o desempenho da bomba é muito bom. Na maioria dos ciclos de produção, apenas uma pequena parte do tempo é gasta a acrescentar valor a um produto, algo que é significativo aos olhos dos clientes. A maior parte dos esforços de produção são gastos em actividades que não acrescentam valor ao produto e que não são exigidas pelo cliente. Todas as indústrias, e especialmente as PME, estão a tentar manter-se competitivas e rentáveis durante muito tempo, pelo que é necessário reduzir os custos, os prazos de entrega e o tempo de ciclo através da aplicação das tecnologias Lean Manufacturing.

As indústrias de bombas submersíveis são caracterizadas pela concentração de energia e matéria-prima, grande trabalho em processo, inventários, portanto, precisam aumentar a produção para atender às altas demandas. A situação não está a atingir as expectativas de utilização de máquinas e taxas de produção elevadas, e o processo de operação sem problemas na linha de produção de bombas motivou a investigação empreendida para conceber um quadro integrado através do qual a produção de bombas submersíveis foi melhorada e impulsionada.

O estudo do efeito das ferramentas Lean no sector do fabrico de bombas submersíveis é utilizado para explicar o procedimento de implementação das ferramentas Lean e da filosofia Lean numa instalação de processamento. As ferramentas 5s, VSM e JIT são utilizadas para mapear o estado atual de duas empresas. Estas ferramentas são utilizadas para identificar a fonte de resíduos e, em seguida, identificar as ferramentas Lean aplicadas para obter os benefícios da filosofia Lean.

1.3 OBJECTIVO E FINALIDADE DA INVESTIGAÇÃO :

A pesquisa realizada propõe etapas padrão que podem ser realizadas na evolução enxuta, que são adotadas principalmente a partir da filosofia enxuta. No entanto, a investigação aqui empreenderá um novo passo na linha de produção de bombas submersíveis com 5s, Value Stream Mapping (VSM) e Just In Time (JIT). Estas ferramentas Lean desenvolveram uma solução que pode ser aplicada para melhorar a produção. Ajudará a transmitir a mensagem aos decisores de que as indústrias de fabrico de bombas submersíveis podem ser alteradas da produção em massa tradicional para indústrias Lean.

Os objectivos da investigação serão alcançados através da realização do seguinte objetivo:

1. compreender o processo de fabrico da bomba submersível.

2.identificar os diferentes tipos de inter-relações entre as variáveis associadas à linha de produção e o seu efeito no parâmetro de desempenho

3.identificar as actividades e os desperdícios sem valor acrescentado, eliminá-los ou minimizá-los através da aplicação de ferramentas Lean eficazes e da validação dos resultados obtidos.

1. 4 ESTRUTURA DA TESE:

- Capítulo I: Introdução

  Gera encorajamento e necessidade de implementação do Lean

Manufacturing e das ferramentas Lean. O objetivo, a definição do problema e as limitações da investigação são apresentados neste capítulo

- Capítulo Dois: Antecedentes e revisão da literatura:
  Este capítulo combina a história do sistema de produção enxuta. Este documento fornece informações de base para as teorias que derivam de uma nova ideia ou de um conceito atual, o que constitui a base para a utilização de ferramentas enxutas para melhorar o processo ou o produto.

- Capítulo III: Metodologia de investigação, visão geral e implementação de ferramentas Lean:
  Apresenta uma visão geral do sistema Lean Manufacturing e fornece informações sobre os diferentes tipos de ferramentas Lean. Este capítulo inclui todas as informações sobre as ferramentas Lean e a viabilidade da filosofia Lean e da sua aplicação.

- Capítulo quatro: Estudos de casos críticos sobre o sistema de produção Lean nas PME da região de Ahmedabad

  Este capítulo incorpora o estudo de caso crítico sobre as indústrias de fabrico de bombas submersíveis em Ahmedabad. O investigador efectua um estudo de caso em duas indústrias diferentes. 1. Jems Engineering e 2. Indústrias Salasar.

- Capítulo cinco: Resultados e discussão
  Apresentará os resultados dos métodos de investigação desenvolvidos.

- Capítulo 6: conclusão e âmbito do trabalho futuro
  Apresenta a conclusão do estudo de caso efectuado. Inclui propostas para investigação futura.

- Capítulo Sete: Referências

  Apresenta todas as referências utilizadas na investigação

1.5LIMITAÇÕES :

Os sistemas de produção enxuta são termos e técnicas bem conhecidos nas indústrias transformadoras. O processo de fabrico enxuto é completamente concentrado no trabalho. Por isso, só quem tiver formação e conhecimentos adequados sobre as caraterísticas quantitativas e qualitativas deve utilizar esta filosofia.

Com a implementação de diferentes ferramentas Lean, esta filosofia oferece diferentes técnicas e vários cálculos estáticos. Para aplicar o sistema Lean e as ferramentas Lean, o chefe de grupo deve ter conhecimentos suficientes sobre a filosofia Lean, as ferramentas Lean e os processos críticos.

A filosofia Lean é boa para o sistema de produção, mas devido à falta de conhecimentos sobre o Lean e também à tendência para não mudar, é a principal causa da não implementação da filosofia Lean na organização. O Lean é uma cultura de melhoria contínua.

CAPÍTULO 2

ANTECEDENTES E REVISÃO DA LITERATURA.

2.1INTRODUÇÃO .

Definição de "Lean".

-Metade das horas de esforço humano na fábrica

-Metade dos defeitos no produto acabado

-Um terço das horas de trabalho de engenharia

-Metade do espaço de fábrica para a mesma produção

-Um décimo ou menos dos inventários em curso

(Fonte: The Machine that Changed the WorldWomack, Jones, Roos 1990)

James e Womack publicaram o seu livro de referência "The Machine that Change the World" (Rawson Associates, Macmillan, 1990) e criaram ou popularizaram o termo "Lean Manufacturing". Chamaram-lhe Lean porque gerava produtos utilizando:

-Menos material

-Menos investimento

-Menos inventário

-Menos espaço

-menos pessoas

A palavra Lean foi originalmente criada e definida como a eliminação de "muda". Muda, palavra japonesa que significa desperdício. O fabrico enxuto ou filosofia enxuta é uma metodologia sistemática para identificar e eliminar desperdícios ou processos de actividades sem valor acrescentado da linha de produção. Founda e Richa (2007) definiram o significado da filosofia Lean no sector dos bens de consumo rápido do Reino Unido. Quer se trate de indústrias transformadoras ou de serviços, há alguns componentes que são considerados "resíduos".

Os conceitos Lean visam puramente proporcionar a máxima satisfação ao cliente e criar mais valor para o cliente, eliminando actividades que são consideradas desperdício. Todas as actividades que consomem recursos, acrescentam custos sem criar valor

torna-se o objetivo da eliminação

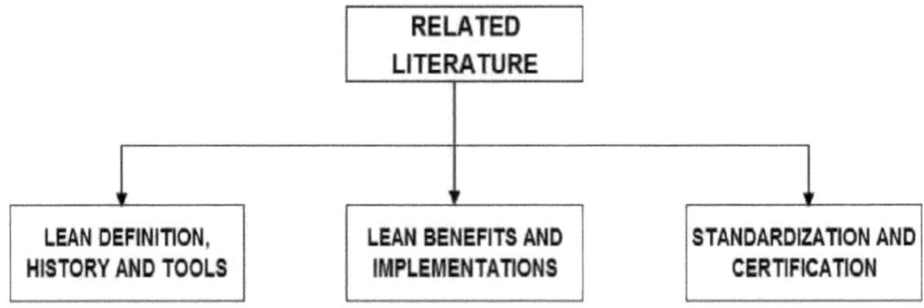

Figura nº: 2.1 conceito global Lean.

A filosofia empresarial Lean centra-se na melhoria do processo empresarial global, por oposição às melhorias incrementais, o que pode melhorar significativamente a rentabilidade da empresa. O pensamento Lean melhora o desempenho operacional, centrando-se no processo, produtos, materiais ou serviços através do fluxo de valor. Para o conseguir, é necessário identificar e eliminar as várias formas de desperdício. O desperdício inclui qualquer atividade, processo que não acrescenta valor ao cliente

It's a journey—of continuous improvement with perfection unattainable.

Figura nº: 2.2 Percurso Lean

2.2HISTÓRIA DO LEAN

No século XX, foram introduzidas duas grandes revoluções na indústria transformadora. Ambas as revoluções ocorreram no sector automóvel. A primeira revolução foi a produção em massa. Na década de 1900, a procura de automóveis aumentou drasticamente e o sector automóvel tornou-se muito competitivo. A produção artesanal dominou as indústrias automóveis, o que fez com que a produção artesanal fosse insuficiente para dar resposta à elevada procura. Nessa altura, os trabalhadores altamente qualificados demoravam muito tempo a produzir um único veículo. Esta situação afectava o preço e a taxa de produção anual do veículo. A debilidade da produção artesanal inspirou Henry Ford a desenvolver a primeira revolução industrial, o sistema de produção em massa. O sistema de produção em massa proporcionou um número suficiente de veículos idênticos e baratos.

A segunda revolução foi o Sistema de Produção da Toyota (TPS). O Lean foi uma nova forma de pensar que surgiu na empresa Toyota. A filosofia Lean foi impulsionada por algumas ideias principais como: Os valores do cliente, a eliminação do desperdício e das actividades que não acrescentam valor e a ideologia da força, envolvendo as pessoas no processo de fabrico para que se tornassem parte das indústrias lean.

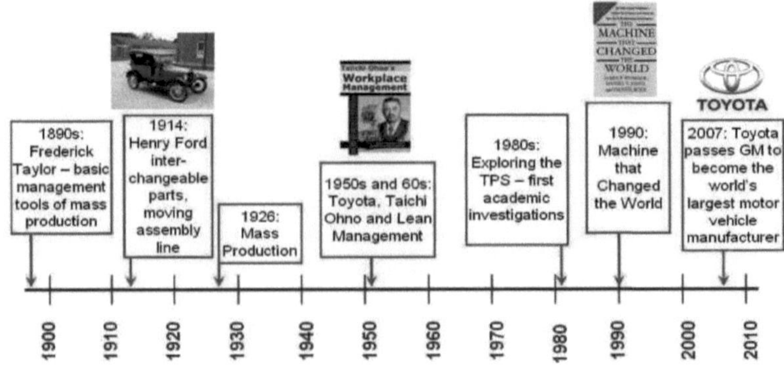

Figura N.º 2.3 Contexto histórico do fabrico optimizado

Este capítulo ilustra e discute o percurso para se tornar Lean. Começa com uma breve revisão da história dos principais acontecimentos na indústria transformadora. De seguida, valida o conceito e os princípios Lean e os métodos de resolução de problemas Lean. Por fim, discute os métodos de implementação Lean e as principais barreiras que se colocam ao processo de implementação.

Como sabemos, durante a guerra mundial, o Japão foi completamente destruído. Assim, após a guerra mundial, as indústrias japonesas de manufatura enfrentaram o problema da grande escassez de material, finanças, dinheiro e recursos humanos. Esta situação levou ao nascimento do sistema de fabrico "Lean". A Toyota Motor Company, liderada pelo seu presidente, Toyota, reconheceu que os fabricantes de automóveis americanos estavam a ultrapassar os seus homólogos japoneses; em meados de 1940, as empresas americanas estavam a ultrapassar os seus homólogos japoneses por um fator de dez. A fim de avançar rapidamente para a melhoria, líderes japoneses como Toyota Kiichirho, Shigeo Sinhgo e Taiichi Ohono conceberam um novo sistema disciplinado e orientado para os processos, que é hoje conhecido como "Sistema de Fabrico Enxuto" ou "Sistema de Produção Totoya". Taiichi Ohono, a quem foi atribuída a tarefa de desenvolver um sistema que melhorasse a produtividade na Toyota, é geralmente considerado o principal responsável por este sistema. Ohono inspirou-se em algumas ideias do Ocidente e, em parte, no livro de Henry Ford "Today and Tomorrow". Ford está a mudar o sistema de produção em massa e introduziu uma linha de montagem de fluxo contínuo de material que serviu de base ao sistema de produção da Toyota. Após alguma experimentação, o sistema de produção enxuta foi desenvolvido e aperfeiçoado em 1945 e 1970, e continua a crescer atualmente em todo o mundo. O conceito básico deste sistema consiste em minimizar o consumo de recursos que não acrescentam valor ao produto.

Para competir no mercado atual, os fabricantes americanos aperceberam-se de que o sistema tradicional de produção em massa tem de ser adaptado às novas ideias do Lean Manufacturing. O estudo efectuado no Instituto de Tecnologia de Massachusetts sobre o movimento da produção em massa para o fabrico Lean, tal como explicado no livro "The Machine that change the world" (Womack Jones e Ross, 1990). O estudo sublinhou o grande sucesso da Toyota na NUMMI (New United Motor Manufacturing Inc.) e revelou o grande fosso que existia entre as empresas automóveis japonesas e ocidentais. A ideia foi adoptada nos Estados Unidos porque os japoneses desenvolviam, produziam e distribuíam produtos com metade do esforço humano, espaço físico, materiais, investimentos de capital, tempo e extensão total. (Womack etal., 1990)

Nas últimas três décadas, a indústria transformadora dos EUA registou um ressurgimento da qualidade, da flexibilidade e da produtividade, conseguindo simultaneamente reduzir os prazos de entrega dos produtos e os custos de produção. Por outras palavras, a indústria transformadora dos EUA fez a transição de segunda classe para classe mundial (Schonberger 1996). De acordo com Richard J. Schonberger, World Class Manufacturing: The Next Decade, grande parte deste renascimento foi o resultado de uma maior concentração nos tempos de ciclo de produção e na qualidade. Subsequentemente, a gestão da produção passou das práticas convencionais de planeamento e controlo para um enfoque em conjuntos interactivos de princípios destinados a obter e a facilitar benefícios, tais como tempos de ciclo mais baixos. A figura 1.1 (adaptada de Schonberger 1996) ilustra a tendência descrita para o desempenho da indústria transformadora dos

EUA na última metade do século XX

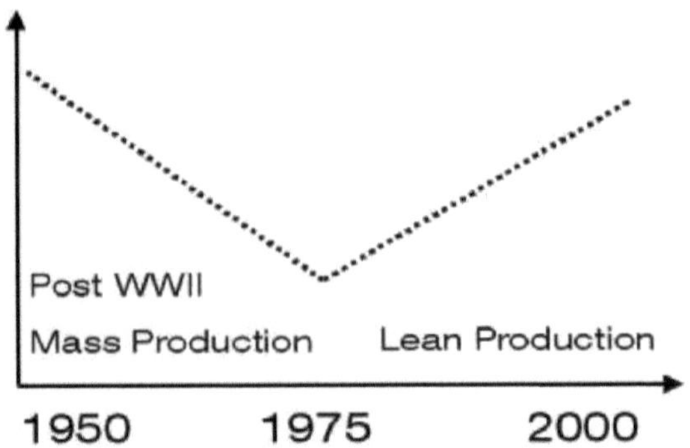

Figura N.º: 2.4 Produção em massa e produção enxuta

Schonberger apresenta o "padrão em V" para ilustrar a queda e a subida do desempenho da indústria transformadora dos EUA, causada por factores internos e externos. A figura não é uma representação direta de indicadores económicos, mas antes uma representação de provas anedóticas (Schonberger 1996). A tendência negativa observada entre as décadas de 1950 e 1970 ocorreu numa altura em que a indústria transformadora dos Estados Unidos estava a sair do que é conhecido como a era de produção pós-Segunda Guerra Mundial. Nesta altura, a escassez de produtos nos Estados Unidos aumentou a procura e, consequentemente, a indústria transformadora concentrou-se na produção de grandes quantidades de produtos. Quando a oferta ultrapassou finalmente a procura, o país começou a assistir à proliferação de capacidades excedentárias. No início dos anos 60, a concorrência internacional começou também a aumentar a sua quota no mercado mundial da indústria transformadora. Com o

ameaças imediatas de excesso de capacidade e de concorrência estrangeira, a tónica da indústria transformadora nos Estados Unidos tinha de passar da produção em volume para a produção de produtos de maior qualidade a custos e prazos mínimos. Mas como é que os Estados Unidos iriam passar da produção em massa em grande escala, iniciada pelo falecido Henry Ford, para uma produção mais ágil e centrada no cliente?

A resposta a esta questão tem sido a difusão do sistema de produção e gestão de grande sucesso do Japão, denominado "lean production" (Womack et al. 1990). O termo foi cunhado por John Krafcik, um investigador da equipa do Programa Internacional de Veículos Motorizados (IMVP) (Womack et al. 1990). O IMVP foi uma equipa organizada no Instituto de Tecnologia de Massachusetts em meados da década de 1980 com o objetivo de estudar as técnicas inovadoras utilizadas pelos japoneses na sua indústria automóvel de grande sucesso (Womack et al. 1990). A lógica da utilização do termo "lean" tornar-se-á mais clara à medida que os princípios forem clarificados. As ideias fundamentais da produção "lean" têm sido descritas sob numerosos nomes, à medida que os investigadores e os profissionais tentam estudar e difundir as ideias centrais. Nomes como World Class Manufacturing (Schonberger 1997), New Production Philosophy (Koskela 1992), Lean Thinking (Womack e Jones 1996), Just-in-Time/Total Quality Control, Time Based Competition, e muitos outros métodos e princípios semelhantes têm sido utilizados para descrever o mesmo conjunto de ideias fundamentais (Koskela 1992).

O Sistema de Produção Toyota (TPS)

O sucesso da Toyota é atribuído ao Sistema de Produção da Toyota (TPS), kotelnikov n.d.; Takeuchi et al, 2008, Liker 2003) que foi desenvolvido por Taichi Ohno nos anos 60 e com o objetivo de produção Lean. O TPS tende a ser visualizado como uma casa e cada elemento desempenha um papel importante em toda a estrutura. Esta analogia foi criada pelo facto de o TPS só ser bem sucedido se aplicado como um sistema (Lander e Liker 2007, Liker 2003) a visualização da casa do TPS.

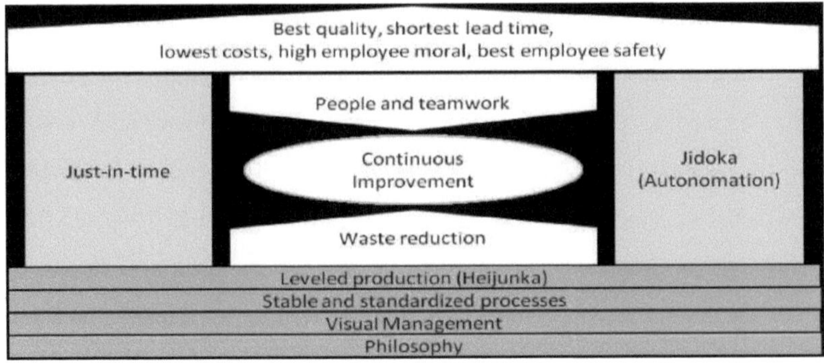

Figura No:2.5 Casa do Sistema de Produção da Toyota.

O principal objetivo dos TPs é produzir um produto de qualidade para o cliente ao menor custo e num curto espaço de tempo. A Toyota dá grande importância à segurança dos seus trabalhadores. A moral elevada dos empregados é importante para criar um ambiente de trabalho positivo, que ajude a atingir o objetivo da empresa (Liker 2003). A casa dos TPs assenta em dois pilares: "just in time", por um lado, e "Automation", por outro. Automação significa automatização com o toque humano (Ohno, 1998). A automatização é também designada por "Jidoka" (Liker 2003)

Na altura, a produtividade da mão de obra japonesa era um nono da produtividade dos Estados Unidos e tornou-se óbvio para a Toyota que não podia competir com os Estados Unidos dependendo de economias de escala para produzir grandes volumes para um mercado pequeno que não tinha o mesmo tipo de procura (Ohno 1988; Shingo 1981; Hopp 1996). A Toyota tomou então a decisão estratégica de concentrar os seus esforços de fabrico não em grandes volumes de um produto, mas sim em muitos produtos diferentes em volumes mais pequenos. Nas suas numerosas experiências centradas na redução dos tempos de preparação das máquinas, Ohno, o engenheiro-chefe de produção da Toyota, observou que o custo de produção de lotes mais pequenos de peças era inferior ao da produção de quantidades maiores, tal como praticado nos Estados Unidos. Isto era verdade porque a produção de pequenos lotes reduzia grandemente os custos de transporte necessários para grandes inventários e o custo do retrabalho era reduzido porque os defeitos apareciam instantaneamente em lotes mais pequenos (Womack et al 1990). Ohno também conseguiu reduzir o tempo necessário para a preparação das máquinas de um dia inteiro para três minutos, uma tarefa que permitiu à Toyota aumentar a flexibilidade das suas linhas de produção, bem como reduzir os tempos de produção. O conceito de JIT foi desenvolvido para complementar esta nova filosofia de produção adoptada na Toyota. O modelo para JIT foi o supermercado americano, uma ideia relativamente nova para os japoneses na década de 1950 (Hopp 1996). O supermercado americano fornecia aos clientes o que eles precisavam, quando precisavam e na quantidade certa necessária. O JIT evoluiu ainda mais para incluir conceitos considerados cruciais para o funcionamento eficaz do sistema JIT e que mais tarde se tornariam objectivos do sistema. Estes conceitos são referidos como os sete zeros: zero defeitos, tamanho de lote zero, zero setups, zero avarias, zero manuseamento, zero lead time e zero surtos (Hopp 1996).

O sistema de produção "just in time" significa que, sempre que o produto é necessário para o cliente, temos de entregar um determinado produto ou coisa ao cliente, de modo a obter as vantagens da máxima satisfação do cliente. Quando a peça é necessária num determinado momento é processada, reduzindo assim as existências ao mínimo. O objetivo de todas as indústrias é eliminar as existências a zero, mas na prática é muito difícil ou quase impossível. Ohno, na sua análise, afirma que "é extremamente difícil aplicar ojust-in-time ao plano de produção de cada processo de uma forma ordenada" (Ohno, 1998). O planeamento rigoroso de cada peça em cada etapa do processo e a atualização constante para que o plano de produção mostre as necessidades reais consomem muito tempo e são dispendiosos. Hoje em dia, o computador está disponível, pelo que o programa informático para minimizar o inventário ajuda, mas continua a exigir esforço e as alterações têm de ser executadas no local de trabalho físico. Após o estudo de caso, conclui-se que o computador não funciona bem em combinação com o sistema de produção just-in-time (Ohno, 1998). Se a sequência de produção for duvidosa, não se obtém a melhor solução para a implementação do just-in-time. Assim, Ohno percebeu que o processo anterior só precisava de produzir a quantidade de peças que o processo seguinte retirava. Esta ideia levou à invenção do sistema Kanban. Como resultado, ao contrário de outros fabricantes na década de 1950, a Toyota não introduziu o computador para o planeamento, mas utilizou surpreendentemente o sistema Kanban para controlar a produção (Shimokawa et al 2009)

O segundo pilar dos TPs é a automatização. Uma máquina automatizada funciona sem intervenção humana assim que o botão inicial é premido, gerando uma elevada produção automática de peças. Por vezes, esta peça pode não ser imediatamente verificada quanto a defeitos, pelo que é possível produzir uma grande quantidade de peças defeituosas antes de serem notadas (Ohno, 1998). A Toyota utilizou máquinas autónomas em vez de automatizadas. A máquina autónoma tem um sistema de inspeção contínua, pelo que se ocorrerem defeitos, a máquina detecta-os e pára automaticamente. Assim, a utilização de máquinas autónomas evita os defeitos de produção. Ohno refere-se à automatização como "automatização com toque humano (Ohno, 19980)". Sakish Toyoda utilizou a automatização muito antes da criação dos TPs, quando criou um tear que parava instantaneamente assim que era detectada uma condição anormal (Ohno, 1998). A filosofia de correio do sistema TPs é fornecer a orientação para todos na organização relativamente à direção. Para atingir o objetivo, a filosofia é colocada no fundo da fundação da casa TPS. A "Gestão Visual" é o segundo elemento da fundação, indicando que todos os processos que estão a ser realizados nas instalações da empresa devem ser visualizados para que o estado atual de qualquer processo se torne instantaneamente claro e transparente. O terceiro e quarto elementos indicam que todos os processos devem ser normalizados, estáveis e fiáveis para que os inventários sejam minimizados (Liker, 2003). Os elementos três e quatro são designados por "heijunka" no sistema TPS

Taichi Ohno (1998) utiliza o exemplo de uma equipa desportiva para explicar a importância do trabalho em equipa na organização. Uma equipa de críquete pode ter excelentes jogadores individuais mas, sem trabalho de equipa, não ganha. Além disso, para reduzir o desperdício e o inventário, é essencial identificar o processo do sistema de fabrico para reduzir os defeitos na linha de produção e resolver imediatamente os problemas do sistema (Liker 2003). Esta abordagem requer um elevado nível de estabilidade do processo. A estabilidade é estabelecida através da melhoria contínua, uma atividade que é realizada por todos os que trabalham para a organização ou que a fornecem.

Os fabricantes japoneses encaravam a qualidade. O sistema de Gestão da Qualidade Total (TQM) de Deming permeou todas as organizações para criar uma cultura de qualidade, onde a qualidade se tornou o principal objetivo dos produtores. Após a Segunda Guerra Mundial, a qualidade passou para segundo plano em relação à produção, e considerou-se que uma inspeção intensiva no final do processo seria suficiente. Com o seu enfoque em toda a organização, a TQM abordou questões que eram relativamente novas para a indústria transformadora nessa altura, tais como a capacitação dos trabalhadores, a melhoria contínua e o conceito de incorporar proactivamente a qualidade nos produtos, em vez da natureza reactiva da inspeção da qualidade no final do processo (Walton 1986). Os japoneses aperfeiçoaram os ensinamentos de Deming e criaram o que é conhecido como Controlo de Qualidade Total (TQC). Assim, juntamente com a mudança da empresa para equipas polivalentes, garantias de emprego vitalício e aumentos salariais ligados apenas à antiguidade na empresa, a Toyota começou a criar uma cultura em que a qualidade do seu produto melhorou drasticamente. Para além de mudar o foco dos fabricantes japoneses para a qualidade, Deming também os equipou com as ferramentas estatísticas para o conseguir, como o Controlo Estatístico da Qualidade (SQC). Os ensinamentos de Deming e de outros gurus da qualidade, como Joseph Juran e Philip Crosby, alimentaram um movimento de qualidade na indústria transformadora japonesa que levaria décadas a difundir-se na indústria transformadora ocidental e que seria altamente influente no desenvolvimento de técnicas de produção optimizada.

A partir deste contexto, o Sistema de Produção Toyota foi criado no início da década de 1960, através da combinação da compensação das restrições geográficas, da observação astuta dos problemas existentes na indústria, do desenvolvimento do JIT e dos ensinamentos do movimento da qualidade, entre outros factores. Parece que o Japão do pós-guerra, no seu estado de caos, proporcionou um laboratório perfeito no qual o pensamento inovador podia ser implementado e praticado (Womack et al. 1990). No entanto, o processo atual levou muitos anos de tentativas e erros. O Sistema de Produção da Toyota apresenta um esboço dos fundamentos da produção optimizada A figura ilustra as forças que influenciaram o desenvolvimento da produção optimizada

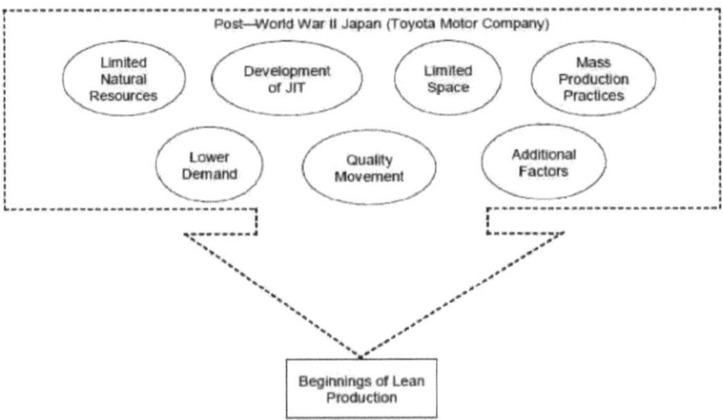

Figura No: 2.6 Desenvolvimento da produção enxuta

A definição de TPS e Lean Manufacturing

Verifica-se que todas estas definições deixam escapar uma parte da essência do Lean Manufacturing. Não achamos que Ohno o tenha definido com mais cuidado porque, muitas vezes, não sentimos a necessidade de definir as coisas que estão muito próximas e são muito óbvias para nós. Acreditamos que outros não o definem melhor porque simplesmente não o entendem, enquanto outros o compreendem mas não são capazes de o articular. Definição do TPS é um sistema de fabrico que:

1. centra-se no controlo das quantidades para reduzir os custos através da eliminação de desperdícios
2. assenta numa base sólida de qualidade dos processos e dos produtos
3. está totalmente integrado
4. está em constante evolução
5. é perpetuado por uma cultura forte e saudável que é gerida de forma consciente, contínua e consistente

O que é realmente diferente no TPS?

Questões técnicas

Então, o que é que o TPS tem de diferente? O que é que o torna tão revolucionário? A resposta a esta questão não é assim tão simples. Em primeiro lugar, vejamos os aspectos técnicos, particularmente alguns dos aspectos da engenharia industrial. Estas competências técnicas e tácticas são a base para os aspectos de qualidade e controlo de quantidades (itens 1 e 2 da nossa Definição Quíntupla do TPS). Algumas técnicas de engenharia muito antigas são utilizadas no âmbito do TPS. Além disso, algumas técnicas antigas com novas reviravoltas, bem como algumas técnicas totalmente novas, também estão incluídas. Mais tarde, abordaremos as questões mais profundas da integração (ponto 3), a evolução do sistema (ponto 4) e as diferenças culturais (ponto 5).

Iremos comparar vários aspectos de um sistema de fabrico quer como Modelo Normal de Produção em Massa quer como Lean. E nos casos em que o TPS se destaca entre as instalações Lean, também o destacaremos. Estes aspectos de fabrico incluem:

A composição de uma célula/linha de produção típica e a forma como a qualidade é tratada

-Manuseamento de vários modelos de um produto

-A utilização da tecnologia "pull" versus "push

-A questão dos tempos de transição

-Como as peças e subconjuntos são transportados na fábrica

-Como são tratadas as variações da procura e da oferta de produtos acabados

-Como é gerida a qualidade

-Como são geridas as variações do tempo de ciclo

-Como é gerida a disponibilidade das linhas

Qual é realmente a diferença entre o Lean e o Sistema Toyota de Produção?

Quando James e Womack publicaram o seu livro de referência, The Machine That Changed theWorld, (Rawson Associates, Macmillan, 1990) criaram ou popularizaram o termo "Lean Manufacturing". Chamaram-lhe Lean porque gerava produtos utilizando:

-Menos material

-Menos investimento

-Menos inventário

-Menos espaço

- (E) menos pessoas

O termo Lean Manufacturing tornou-se, desde então, sinónimo do Sistema de Produção Toyota, mas existem pelo menos duas diferenças. A primeira é uma diferença bastante subtil e tem mais a ver com a implementação do Lean, enquanto a segunda é a

diferença fundamental entre o Lean e o Sistema de Produção Toyota A primeira diferença é subtil e passa despercebida a muitas pessoas. Tem a ver com o ponto de partida da viagem para o Lean. Recorde-se que o controlo da quantidade é a caraterística que define o Lean. Quando Ohno começou em 1955, tinha um sistema de controlo de qualidade extremamente sólido. A sua base de controlo de qualidade era mais do que sólida, era muito madura. De facto, a primeira aplicação do sistema jidoka da Toyota é anterior à Toyota MotorCompany. Foi feito na Toyoda Spinning and Weaving Company em 1902. Atualmente, poucas empresas têm esta mesma base sólida e madura de qualidade quando embarcam numa iniciativa Lean. Assim, elas devem, ao mesmo tempo, resolver um grave problema de qualidade e tentar implementar medidas de controlo da quantidade. Por conseguinte, para implementar uma iniciativa Lean hoje em dia, as empresas devem empreender um esforço renovado de controlo da qualidade. Assim, os esforços Lean tornaram-se hoje em dia sinónimo não só de controlo da quantidade, mas também de controlo da qualidade, o que nunca foi um problema para Ohno.

A segunda diferença é mais óbvia. Muitas empresas podem tornar-se Lean simplesmente seguindo as linhas gerais deste livro. Conseguirão grandes ganhos nos lucros, serão capazes de reduzir os prazos de entrega, tornar-se-ão mais flexíveis e reactivos e, em geral, tornar-se-ão uma empresa melhor. Muito francamente, isto não é muito difícil. O que é preciso é uma liderança sólida, um plano decente, um ambiente motivador, alguns solucionadores de problemas com vontade de implementar mudanças e o bom e velho trabalho duro. Junte a esses atributos doses suficientes de humildade e introspeção e terá o suficiente para se tornar magro.

A dificuldade não é chegar lá, mas sim manter-se lá. É aqui que se destacam as instalações Lean, que têm sustentado o seu esforço - e, claro, o avô e o maior de todos eles é o Sistema de Produção Toyota. A Toyota não só tem sido um inovador na melhoria das técnicas de fabrico (e isso pode ser o eufemismo do século), como tem mantido essa excelência durante mais de 50 anos. Eles fizeram isso não apenas implementando técnicas Lean, mas também gerenciando a cultura de forma a sustentar esses ganhos através de todo tipo de mudança e desafio imaginável. Eles gerenciam sua cultura de forma consciente, contínua e consistente. Ohno era um mestre em mudar a cultura e depois criar o tipo de ambiente que sustentaria essas mudanças culturais. É aqui que reside a principal diferença entre a Toyota e muitas outras empresas - algumas das quais são muito Lean. A Toyota tem sido capaz de

2.3 O QUE É O LEAN?

A nova tecnologia emergente no sector da indústria transformadora e no sector dos serviços criou grandes desafios para as indústrias dos EUA. O mercado altamente competitivo e orientado para o cliente fez com que o estilo de gestão antiquado se tornasse uma ferramenta insuficiente para gerir estes desafios. Estes factores representam um grande desafio para as empresas, que devem procurar novas ferramentas para continuarem a subir na hierarquia do mercado global, competitivo e em crescimento. Enquanto algumas indústrias continuam a crescer com base na constância económica, outras lutam devido à sua falta de compreensão da mudança das exigências dos clientes, da mentalidade e das práticas de custos. Para ultrapassar esta situação e obter mais lucros, muitas indústrias começam a recorrer aos princípios do lean manufacturing para melhorar o desempenho das suas indústrias.

A ideia básica subjacente ao sistema de produção optimizada, que tem sido praticado há muitos anos no Japão, é a eliminação de resíduos, a redução de custos e a capacitação dos trabalhadores. A filosofia empresarial dos japoneses é totalmente diferente da filosofia dos EUA. A crença tradicional do Ocidente era a de que a única forma de obter lucros era adicionar os custos de produção para chegar a um preço de venda desejado. (Ohno, 1997; Monden, 1998). Pelo contrário, a abordagem japonesa considera que o cliente é o criador do preço de venda. Quanto mais qualidade for incorporada no produto e quanto mais serviços forem oferecidos, maior será o preço que o cliente pagará. A diferença entre o custo do produto e o preço é o lucro. (Ohno, 1997; Monden, 1998). A filosofia da produção enxuta actua em todas as vertentes do fluxo de valor, reduzindo os desperdícios de modo a reduzir os custos, gerar capital, aumentar as vendas e manter-se viável no mercado. O fluxo de valor é definido como "actividades específicas no âmbito da cadeia de abastecimento necessárias para conceber, encomendar e fornecer um produto ou valor específico" (Hines e Taylor, 2000).

O termo "Lean", tal como Womack e os seus colegas o definem, denota um sistema que utiliza menos, em termos de todos os factores de produção, para produzir os mesmos resultados que os obtidos com o sistema tradicional de produção em massa, ao mesmo tempo que contribui para aumentar as verdades para os clientes finais (Panizzolo, 1998). Esta filosofia empresarial tem diferentes designações, como fabrico ágil, fabrico just-in-time, fabrico síncrono, fabrico de classe mundial e fluxo contínuo. O principal princípio da produção optimizada consiste em reduzir os custos através de uma melhoria contínua que, em última análise, reduzirá o custo dos serviços e dos produtos, aumentando assim os lucros.

O Lean centra-se na eliminação ou redução de desperdícios (Muda, a palavra japonesa para desperdício) e na maximização da utilização de actividades que acrescentam valor do ponto de vista do cliente. Do ponto de vista do cliente, o valor é equivalente a tudo o que o cliente está disposto a pagar por um produto ou serviço. Assim, a redução ou eliminação do desperdício é o princípio básico da filosofia Lean.

O TPS é muitas vezes utilizado indistintamente com os termos Lean Manufacturing e LeanProduction No que diz respeito às questões técnicas do TPS e do Lean, utilizarei frequentemente estes termos indistintamente. Chama-se Lean porque, no final, o processo pode ser executado:

-Utilização de menos material

-Exigir menos investimento

-Utilizar menos inventário

-Consumindo menos espaço e

-Utilizar menos pessoas

Ainda mais importante, um processo Lean, seja ele o TPS ou outro, é caracterizado por um fluxo e previsibilidade que reduz severamente as incertezas e o caos das fábricas típicas. Não é apenas financeira e fisicamente mais Lean, é emocionalmente muito mais Lean do que as instalações não-Lean. As pessoas trabalham com maior confiança, com maior facilidade e com maior paz do que nas típicas instalações de produção caóticas e reaccionárias - mude o plano a cada hora e continue a trabalhar fora do prazo e continue a acelerar tudo.

Para explorar mais a fundo o que é realmente um sistema Lean Manufacturing, vamos analisar profundamente o TPS. Não porque o TPS seja o melhor sistema Lean que existe, embora possa ser. Eu posso dizer que é o melhor que já vi. Em vez disso, vamos olhar para o TPS porque é o sistema mais bem documentado e provou o seu valor durante muito tempo. Não só deu provas como é o exemplo do "Lean muito bem feito".

2.4 OBJECTIVOS DO LEAN MANUFACTURING

Os objectivos do sistema Lean Manufacturing diferem entre os vários autores. Enquanto alguns mantêm o foco interno, para aumentar o lucro da organização. Outros defendem que as melhorias devem ser feitas para o bem do cliente.

Figura No:2.7 Objectivos do Lean Manufacturing

Alguns dos objectivos normalmente mencionados são:

- Melhoria da qualidade: no mercado atual, para se manter mais competitiva, a organização deve compreender os requisitos do cliente final e conceber o produto de acordo com as necessidades do cliente. Assim, a melhoria da qualidade é o principal objetivo da organização para a máxima satisfação do cliente.
- Reduzir o desperdício: o desperdício é qualquer atividade que consome tempo, recursos ou espaço, mas que não acrescenta qualquer valor aos produtos ou ao cliente.
- Reduzir o tempo: desde a matéria-prima até ao produto final, é essencial reduzir o tempo de produção, eliminando todos os desperdícios do processo.

- Reduzir o tempo total: para minimizar o custo, a organização deve produzir apenas contra a procura do cliente. A sobreprodução aumenta o custo do inventário

Foram identificados quatro conceitos diferentes de Lean:

1 . Lean como um estado ou objetivo fixo (Ser Lean)

2 .Leanas uma melhoria contínua (Tornar-se Lean)

3 . o Lean como um conjunto de ferramentas (fazer Lean)

4 . filosofia Leanas (Lean thinking)

Para as indústrias, qualquer um dos seguintes envolvidos (Womack et.al.l990; Ohno,l997; Mopnedn,l998, Shingo,l997; Mid-American Manufacturing Technology Center,2000)

- Material: converter todas as matérias-primas em produtos acabados. Tentar evitar o excesso de raspagem
- Inventário: manter um fluxo constante para o cliente e não ter trabalho em curso
- Sobreprodução: fabricar a quantidade exacta de produtos de acordo com as necessidades do cliente e no momento em que este os necessita.
- Trabalho: impedir a deslocação indesejada do trabalhador.
- Complexidade: tentar resolver o problema de forma simples, porque devido à complexidade há mais hipóteses de produzir resíduos e é difícil geri-los.
- Energia: utilizar a máquina certa e a mão de obra certa no local certo. Evitar operações improdutivas e excesso de mão de obra.
- Espaço: fazer uma melhor utilização do espaço, organizando a máquina e as pessoas.
- Defeitos: Envidar todos os esforços para reduzir ou eliminar os defeitos.
- Transportes: evitar o transporte indesejado de pessoas e materiais. Elaborar um fluxograma para o evitar.
- Tempo: evita longos tempos de preparação, atrasos e paragens indesejadas da máquina.
- Movimentos desnecessários: evitar dobrar-se ou esticar-se excessivamente e perder frequentemente objectos.

Os recursos de resíduos estão todos relacionados entre si e a libertação de um recurso de resíduos pode levar à eliminação ou redução de outros. O trabalho em curso (WIP) e o inventário de produtos acabados não acrescentam qualquer valor aos produtos, pelo que devem ser minimizados ou eliminados. Quando o inventário é reduzido, vemos os problemas ocultos e as medidas podem ser tomadas imediatamente. Há muitas formas de reduzir as existências, uma das quais é reduzir o tamanho do lote de produção. Ao reduzir o tamanho do lote, o tempo de preparação é automaticamente reduzido. Assim, o custo por unidade é constante, tal como indica a famosa fórmula da quantidade de encomenda económica (Karlsson e Ahlstrom, 1996). Na Toyota, Shingo introduziu a ideia de Single Minutes Exchange of Die (SMED) para reduzir o tempo de preparação (Shingo, 1997), aplicando esta técnica, o tempo de preparação numa máquina de grandes dimensões passou de horas para minutos. Este conceito é muito útil para reduzir o tamanho de um lote na linha de produção. Outra forma de reduzir o inventário é tentar minimizar o tempo de inatividade da máquina (Shingo, 1997). O tempo de paragem da máquina pode ser reduzido através da prevenção da manutenção. É evidente que quando se reduz o inventário, outras fontes de desperdício podem ser reduzidas automaticamente. Por exemplo, se o inventário for maior, o excesso de material ocupa algum espaço, que pode ser utilizado para outros fins, como o aumento da capacidade das instalações. Além disso, a redução do tempo de preparação significa que a redução do inventário permite simultaneamente poupar tempo, reduzindo assim o tempo como fonte de resíduos. O transporte desnecessário é uma fonte de desperdício.

O movimento indesejado das peças móveis dentro da empresa não acrescenta qualquer valor ao produto ou ao cliente, pelo que é necessário minimizar o transporte indesejado dentro das instalações da empresa. Este movimento indesejado das peças pode ser minimizado através da utilização do layout de fabrico celular para garantir o fluxo contínuo de material para o fabrico do produto. Isto ajuda-nos a encontrar outra fonte de desperdício, que é a energia. Quando os recursos humanos e as máquinas estão numa célula específica, o movimento indesejado de bens ou peças pode ser minimizado, pelo que as operações improdutivas podem ser reduzidas ou minimizadas, evitando assim a utilização excessiva de recursos humanos. Outra fonte de desperdício é o defeito e a raspagem do material. A manutenção produtiva total é a forma de reduzir os defeitos e a raspagem.

Não há dúvida de que a eliminação dos resíduos é um elemento importante para a existência do mundo industrial atual. Para se manterem no mercado, as empresas têm de fornecer ao cliente produtos de alta qualidade a baixo custo e no mais curto espaço de tempo. Existem muitas ferramentas desenvolvidas pela Toyota para reduzir ou eliminar os resíduos

Desenvolvimento de objectivos: No centro da implementação de políticas está o desenvolvimento de objectivos que têm:

-Propósitos

-Caraterísticas

-Conceitos de base

-Caraterísticas da implantação

-Proprietários

Os objectivos devem ser implementados no contexto certo, para o proprietário certo e com as expectativas certas. O contexto e as expectativas incluem os resultados esperados no período de tempo previsto. Além disso, uma boa implementação incluirá a indicação, por parte do gestor, de possíveis caminhos de fracasso a evitar e de possíveis conflitos futuros que possam resultar naturalmente da realização do objetivo. É também um aspeto de uma boa implementação chegar a acordo sobre os recursos disponíveis a afetar aos esforços do objetivo e as consequências de alcançar e não alcançar os resultados desejados.

Os proprietários dos objectivos

Uma boa implementação exige que os objectivos tenham um proprietário claro que seja responsável pela sua realização. Por responsável, apenas isso: "capaz de responder", e mais do que ser responsável, ser "capaz de contar". Por conseguinte, o proprietário deve ter:

-A consciência e as ferramentas para determinar se o processo está a funcionar corretamente. Isto é transparência.

-A imaginação e os valores para determinar a ação necessária.

-O desejo de fazer uma mudança quando esta é necessária.

-O poder de o fazer acontecer.

-A coragem e o carácter para aceitar as consequências dessas acções.

2.5 BENEFÍCIOS DO SISTEMA DE PRODUÇÃO OPTIMIZADA.

Na revisão da literatura sobre a produção enxuta, um segmento importante é o benefício da filosofia enxuta ou do sistema de produção enxuta. Ao reduzir ou eliminar os desperdícios ou as actividades sem valor acrescentado, a organização obtém benefícios como o aumento da produtividade, a redução das existências, a redução dos prazos de entrega, o aumento da qualidade do produto e a elevada satisfação do cliente.

Para medir os benefícios da filosofia Lean, Fullerton e Mc Watters (2001) utilizam os dados obtidos através de um inquérito a organizações que implementaram o sistema Lean. Através do inquérito, os autores concluem que a implementação do sistema Lean ajuda a reduzir os prazos de entrega, as existências, a utilização dos recursos humanos e a qualidade do produto. Com base nos resultados do inquérito, 28% dos participantes referiram melhorias importantes e 61% dos resultados foram positivos. 75% dos participantes conseguiram uma redução significativa do inventário.

Nystuen (2002) utilizou a informação de um estudo de caso de três organizações industriais e apresentou relatórios após a implementação da metodologia Lean. Os benefícios alcançados por estas empresas foram: 35% de aumento na Eficiência do trabalho, 82% de redução no inventário e 40% de melhoria na utilização do Espaço e do Terreno.

Lynch (2005) centra-se especialmente na ferramenta 5s Lean e estuda os seus benefícios com base na observação de uma linha de produção. Segundo o autor, o 5s pode ter um efeito positivo na produção e no tempo de ciclo e a organização pode reduzir o custo total utilizando a ferramenta 5s Lean.

Muitos investigadores publicaram os seus pontos de vista relacionados com a implementação Lean. Muitos investigadores sugeriram que as ferramentas Lean devem ser implementadas como um sistema completo, como uma abordagem total, em vez de se aplicarem apenas algumas das ferramentas e princípios Lean. (Liker;2004, Meier;2001, Sanchez e Perez,2001). Especificaram que todo o método "lean" deve ser adotado para ser eficaz. Este método tornará todo o sistema muito forte e identificará os problemas rapidamente. A implementação das ferramentas Lean deve ser efectuada em simultâneo. Para obter benefícios a longo prazo da ferramenta Lean e do sistema suportável, os elementos Lean devem ser abordados (Sheridan 2000, Bergmiller 2006)

O objetivo final da implementação da filosofia "lean" deve ser o de alargar o princípio "lean" a outras áreas como a contabilidade, o desenvolvimento de produtos, a logística e as compras. Muitas organizações estão a lutar para implementar a filosofia lean como um sistema completo. Desenvolver e aplicar a filosofia "lean" é o principal objetivo deste estudo nas diferentes indústrias, bem como obter a solução para os problemas da organização através da aplicação das ferramentas "lean" e fornecer o melhor produto ao utilizador final.

Outra parte importante da aplicação da filosofia "lean" consiste em estabelecer a filosofia "lean" como uma estratégia a longo prazo e uma viagem em vez de um destino final. Este ponto crítico é discutido em muitos artigos (karlsson e Ahlstrom, 1996). A filosofia Lean deve ser encarada como uma viagem e não como um destino final ou como um objetivo a atingir após um determinado período de tempo, e a procura é mais importante do que atingir o objetivo. Liker representou os 14 princípios do sistema de fabrico Lean ou do sistema de produção Toyota no seu livro. (Liker,2004). Ele sugere que a organização deve tomar decisões com base numa filosofia de longo prazo, mesmo que os objectivos financeiros de curto prazo sejam ultrapassados.

Algumas organizações pensam que o sistema Lean é um sistema de controlo do processo ou um conjunto de ferramentas para melhorar o sistema de produção. No entanto, o sucesso da implementação das ferramentas Lean depende de se encarar o Lean como uma filosofia e uma cultura. Este é o ponto importante que foi sugerido pela literatura para a implementação da ferramenta Lean na organização. O sucesso da implementação Lean ou da ferramenta Lean é o nível de pensamento orientado pelas regras e princípios Lean (Flinchbaugh, 2003)

Bhasin e Burcher apresentam um estudo muito pormenorizado sobre este tema. Neste estudo, o autor indicou que a implantação do Lean na organização só é bem sucedida se a organização encarar o Lean como uma filosofia e não como uma estratégia. De acordo com o autor, uma organização precisa de viver, respirar e ser mentora do lean em todos os seus aspectos e o lean deve ser a forma de fazer negócios que a organização encara nos processos. Esta mudança de cultura num curto espaço de tempo é muito difícil para a organização, pelo que se sugere que encarar o lean como uma viagem a longo prazo é muito importante para a organização. As normas Lean e os certificados Lean ajudam a organização a manter o nível Lean a longo prazo, através de programas de auditoria e recertificação. Por conseguinte, este estudo visa colmatar a lacuna existente na literatura no que respeita à normalização do sistema Lean e fornecer orientações sobre a implementação das ferramentas Lean.

Na revisão da literatura, um outro tema foi o das implicações da implementação do Lean nos recursos humanos ou na vertente humana. O fabrico enxuto não é uma garantia de qualidade tradicional do sistema de gestão de processos (Dahlgaard e

Dahlgaard-park, 2006). Trata-se de um sistema baseado no ser humano e de uma base para o sistema de liderança e capacitação através da formação e educação sobre a filosofia Lean. O autor afirma que a confiança é o principal requisito para a construção de uma cultura de empresa. Martin (2006) também indica este ponto e sugere que a confiança no novo processo também constrói a empresa. Todos os membros da organização devem ter confiança e acreditar no sistema de implementação das ferramentas Lean.

A revisão da literatura sugeriu que a comunicação e o apoio da gestão são dois factores críticos para uma implementação bem sucedida da ferramenta Lean e que a gestão de topo fornece mais informações sobre a filosofia Lean e a ferramenta Lean a todos os funcionários para tornar o Lean mais eficaz. Para que a implementação do método Lean na organização seja bem sucedida, a equipa de gestão deve disponibilizar recursos como tempo e material à força de trabalho para que esta participe com sucesso no esforço de produção Lean (Worley e Doolen, 2006). A equipa de gestão deve também proporcionar formação a todos os trabalhadores para que o sistema Lean funcione de forma mais harmoniosa (Conti etal, 2006)

Depois de discutir os pontos básicos e de alto nível sobre a aplicação do método "lean", serão agora analisados os artigos que estudam em pormenor a aplicação específica do método "lean". Shah e Ward (2003) investigaram o efeito da dimensão e da idade das instalações na aplicação dos princípios fundamentais da produção optimizada. Com base na sua análise, a dimensão da fábrica teve um efeito importante na aplicação do método "lean". Os autores sugerem que as ferramentas Lean, como o just-in-time e a manutenção produtiva total, contribuem significativamente para o desempenho operacional.

Abdullah et al. (2006) explicam que o lean manufacturing é largamente utilizado em indústrias transformadoras distintas, mas também algumas indústrias dos segmentos de processo estão interessadas, como o sector têxtil, do papel, do aço e do vidro. Segundo o autor, muitas técnicas Lean são aplicadas nas indústrias de transformação. A implementação Lean é o principal estudo das actividades Lean em diferentes sectores para além da indústria transformadora. Tracy e Knight (2008) indicaram que a maior parte dos exemplos de implementação Lean provêm das indústrias transformadoras. A implementação de ferramentas Lean nos sectores de serviços também aumentou rapidamente

Bowen e Youngdahl (1998) estudam a abordagem "lean" para o sector dos serviços. Sugeriram que a filosofia "lean" tinha sido trabalhada com êxito nos segmentos da indústria transformadora, pelo que pode ser facilmente transferida para o sector dos serviços e as ferramentas "lean" tornam-se também muito eficazes no sector dos serviços. Abdi et al (2006) comparam a aplicação do princípio lean nos sectores da indústria transformadora e dos serviços.

Alguns investigadores estudaram a implementação da filosofia lean nos ambientes de escritório (May, 2005; Tishler, 2006). Sugeriram que, no mundo empresarial, muitos empregados de escritório implementam a filosofia Lean nos seus escritórios e que esta funciona com sucesso para aumentar a produtividade do trabalho de escritório. May indicou que a abordagem centrada no ser humano deve ser implementada para o trabalho do conhecimento e o fluxo de informação na base primária da implementação. Ele pensa que a alteração da aplicação da ferramenta Lean nos ambientes de escritório aumenta o nível de concentração nas estratégias e o desenvolvimento mais eficaz dos funcionários. Tischler dá o exemplo de um gabinete de admissão universitária e, após a aplicação da abordagem "lean", obtêm-se benefícios como a redução do tempo de tratamento dos pedidos de informação de duas semanas para menos de um dia.

Alguns outros benefícios da produção enxuta são:

- Melhoria da produção
- Poupança de tempo de fabrico
- Menos sucata
- Menos inventário

- Melhoria da qualidade
- Poupar no espaço vegetal
- Melhor utilização da mão de obra
- Segurança de funcionamento.

2.6ELEMENTOS DO FABRICO OPTIMIZADO.

A forma Toyota foi dividida em 3 fases e 14 princípios, conforme estabelecido por Liker (2004). Os princípios podem ser divididos em quatro níveis: filosofia, processo, pessoas e resolução de problemas (Liker 2004), conforme a tabela:

Associado aos 14 princípios estão muitos métodos e ferramentas, que são identificados como os elementos de L.M. Anvari et al (2010) observaram que a primeira abordagem à LM para muitas empresas é a utilização do conjunto de ferramentas que contribuem para a identificação e eliminação de resíduos. À medida que as suas ferramentas são úteis e a qualidade melhora, coincidindo com uma redução dos tempos e custos de produção. Anvari etalgo sugerem que a Toyota utiliza uma abordagem diferente que abrange mais do que a simples utilização de ferramentas. Referem que a Toyota tem como objetivo a redução de três tipos de resíduos (Muda ou sem valor acrescentado; muri ou sobrecarga; e mura ou desnível), a fim de expor os problemas de forma metódica e, em seguida, utilizar ferramentas para retificar as causas profundas dos problemas expostos. É evidente que ambas as abordagens à gestão do trabalho identificadas por anvari et al. ficam aquém da abordagem Toyota apresentada por liker, uma vez que não têm em conta a importância da filosofia e da liderança da Toyota.

A identificação clara dos elementos do lean manufacturing continua a ser objeto de discussão. A diferente interpenetração da filosofia "lean" resulta da definição de elementos de TPs fora dos métodos Toyota. No entanto, é evidente que os elementos do fabrico optimizado estão integrados no método Toyota.

Quadro n.º: 2.1 Diretores da Toyota

Principle	Philosophy
1	Base you're your management decision on a long-term philosophy, even if short term financial goal
	Process
2	Create continuous process flow to bring problems to surface
3	Use pull system to avoid waste of overproduction
4	Level out the workload creating a study balancing process
5	Built a culture of stopping to fix problem and getting quality right the first time
6	Standardize tasks are the foundation of continuous improvement and employee empowerment
7	Use visual control, thus no problems are hidden
8	Use only reliable test technology that serve you people and process
	People
9	Grow leader who are thoroughlycommitted to understanding the work, living the philosophy and teaching to others
10	Develop exceptional people and team whom know and follow your company's philosophy
11	Respect your extended network or partners and suppliers by changing them
	Problem solving
12	Go and see for yourself to thoroughly understand the situation
13	Make decision slowly by considering all options and follow with rapid implementation of decision
14	Become a learning organization throw relentless reflection and continuous improvement
14 principals of the Toyota way (liker,2014, pp3740)	

Mann (2009) adverte que as pessoas muitas vezes equiparam o LM com as ferramentas utilizadas para reduzir o desperdício, criar eficiências e padronizar processos, - no entanto, a implementação de ferramentas representa no máximo

20% do esforço na transformação lean. Os outros 80% do esforço são despendidos na mudança da prática e do comportamento do líder e, em última análise, da sua mentalidade (Mann, 2009, p.15). A divisão de esforços de Mann aponta para o papel significativo desempenhado pela gestão e pela liderança no âmbito da forma Toyota e que é evidente nos 14 princípios. Uma caraterística importante do LM é o papel desempenhado pelos gestores como líderes e mentores para difundir a melhoria contínua em toda a organização (Roth 2006) Slack, chambers e Johnston (2007, p.469) em

o seu texto sobre a gestão operacional. Na produção enxuta, a liderança desempenha o papel principal na implementação bem sucedida das ferramentas enxutas. A apresentação de Slack et al (2007) reduz o Lean Manufacturing a um conjunto de ferramentas para ganhar eficiência sob a bandeira da filosofia Lean.

2.7 PRINCÍPIOS DE FABRICO LIMPO :

Womack et al (2003) resumiram o princípio da produção optimizada em cinco princípios básicos, a saber

1. valor para o cliente

Para todos os tipos de indústrias, a satisfação do cliente é muito importante. Quando o cliente está totalmente satisfeito com qualquer produto, este é lançado com muito sucesso no mercado, pelo que a satisfação do cliente é a principal medida do rácio de sucesso de qualquer produto. O valor do cliente pode ser definido como a forma como o cliente prevê e observa o produto oferecido pela organização. O processo de produção deve ser feito de forma a minimizar o desperdício de movimento e as actividades sem valor acrescentado para dar mais satisfação ao cliente.

2 . fluxo de valor

O fluxo de valor fornece informações sobre o fluxo de materiais e de informações sobre o processo no âmbito do sistema de produção. A primeira etapa deste princípio consiste em criar um mapa das instalações existentes e compará-lo com o mapa futuro. Esta ferramenta é utilizada para identificar as actividades sem valor acrescentado, tais como atrasos, excesso de trabalho, trabalho em curso, movimentos adicionais de material, triagem e prazos de entrega longos (Hines etal, 1997)

3 . Processo de fluxo

Ao aplicar as ferramentas lean e ao eliminar as actividades sem valor acrescentado do processo de produção, o fluxo do processo torna-se contínuo. A abordagem de fluxo contínuo reduz o tempo de espera, o tempo de processamento e o custo total de produção. A disponibilidade de material, recursos humanos e maquinaria são factores importantes para o êxito do sistema de fluxo contínuo (Womack et al 2003 e Mohsen et al, 1992)

4 . sistema de tração

Nos sistemas de extração, a organização concentra-se nas exigências do cliente e fornece o produto apenas de acordo com as necessidades do cliente. As exigências do cliente controlam o fluxo de produção. Este princípio tem como objetivo reduzir ou eliminar a sobreprodução e a produção para a situação de stock. O sistema pull baseia-se no consumo e na procura reais e, nesta base, os calendários do processo são previstos. Por outras palavras, o sistema pull fabricou a quantidade certa solicitada no momento certo. O Kanban é a ferramenta para o sistema de extração. O objetivo da ferramenta é entregar o material ao posto de trabalho seguinte com base no pedido. Se o posto de trabalho seguinte fizer o pedido, só então o material é transferido para o posto de trabalho seguinte. (Lee etal,2003)

5 .perfeição

Se os quatro princípios acima referidos forem aplicados de forma adequada, isso significa a eliminação das actividades sem valor acrescentado, a adoção de uma filosofia de fluxo contínuo de materiais e de sistemas de extração. Chegou o momento de aplicar o quinto princípio, cujo principal objetivo é a melhoria contínua. É o principal fator na implementação de

ferramenta lean. Se a filosofia lean funciona corretamente de uma só vez, mas para a manter como uma indústria lean, a melhoria contínua é uma parte essencial do pensamento lean.

Além disso, os métodos seguintes constituem um bom complemento dos princípios-chave Lean acima referidos para a produção Lean (Ross&Associates Environmental Consulting 2004, p.2):

- Implementar um quadro de melhoria do tipo planear-fazer-verificar-agir (PDCA) para obter resultados rapidamente.
- Utilizar os indicadores e o feedback do desempenho para melhorar a tomada de decisões e a resolução de problemas em tempo real.
- Abordar as actividades de melhoria na perspetiva de toda a empresa ou sistema

Figura No:2.8 Princípios do Lean Manufacturing

As práticas Lean ajudam as organizações a melhorar fundamentalmente a sua competitividade, através da redução de custos, do aumento da qualidade e da resposta às necessidades dos clientes. A razão subjacente à implementação do

Lean é normalmente uma forte motivação empresarial, e a implementação bem sucedida do Lean requer uma transformação significativa da cultura e das práticas da organização. Os profissionais Lean afirmam que é em tempo de crise que as mudanças são promovidas e seguidas com maior sucesso (Ross&Associates Environmental Consulting 2004).

Com as adaptações necessárias, os princípios do Lean expandiram a sua aplicabilidade da produção para a indústria de serviços, para o sector militar e para os processos de construção, o que demonstra a universalidade e a eficácia do conceito. Liker (2004) afirma que qualquer tipo de organização empresarial pode beneficiar do Lean, não imitando as ferramentas utilizadas pela Toyota num determinado processo de fabrico, mas sim desenvolvendo princípios que são os mais adequados para a organização ou empresas e praticando-os, para alcançar um elevado desempenho que continue a acrescentar valor aos clientes e à sociedade.

Mudança organizacional e gestão da mudança

As organizações são entidades constituídas por pessoas que interagem entre si de forma estruturada. Além disso, a interação das pessoas é gerida de modo a que as suas actividades sejam orientadas para a consecução de objectivos organizacionais definidos. A mudança nas organizações é dirigida com êxito através da definição de objectivos claros e da medição dos processos. A mudança envolve processos de aprendizagem que requerem tempo, espaço físico, social e mental (Oxtoby, MGuiness e Morgan 2002). A implementação de mudanças sem o desenvolvimento de um plano de adaptação e melhoria contínua da organização é um esforço em vão. No entanto, criar mudança não é sinónimo de criar adaptação e, apesar de muitas organizações terem tentado implementar mudanças, poucas conseguiram criar capacidade organizacional para uma mudança contínua e adaptativa (Malone 2007).

O êxito da implementação das mudanças depende do envolvimento dos trabalhadores e do seu empenhamento nos processos. A sua atitude individual e colectiva em relação à mudança refletir-se-á no seu comportamento e isso é fundamental para o sucesso ou fracasso do programa de mudança. De acordo com a teoria da informação social, as pessoas dentro de uma organização formam a sua opinião sobre a organização e o comportamento adequado através da avaliação e aceitação dos seus colegas de trabalho. Além disso, as atitudes e crenças de um indivíduo são parcialmente formadas como resultado das atitudes e crenças dos outros que o rodeiam através de mecanismos de comparação social e processamento de informação social" (Jones 2007, p.7). Por conseguinte, a participação colectiva ou a formação de uma equipa de trabalho em que é nomeado um líder dedicado é essencial, porque em tempos de incerteza no trabalho, as pessoas olham para os outros em busca de normas e orientações sobre a forma de pensar e de se comportar" (Jones 2007, p.8). Além disso, de acordo com Jones (2007), o que está a ser avaliado na atitude e no comportamento dos outros são as diferentes razões a favor e contra as mudanças. Adotar as razões de um indivíduo, determina que determinadas pessoas são as mais poderosas e influentes no contexto da mudança. São essas razões que definem o tipo de compromisso com a mudança e o comportamento de implementação (Jones 2007).

Resistência às mudanças

É uma caraterística natural dos seres humanos envolver emoções em alturas de mudança. Para obter o melhor desempenho numa situação de incerteza, como a mudança de ambiente e de práticas, é importante adotar uma abordagem de gestão adequada para o bom desempenho do pessoal durante os processos de mudança.

Com base nos conceitos de Edgar Stein para compreender e gerir a mudança, Cameron et al. (2004) afirmam que existem duas forças com que todos os indivíduos que passam por uma mudança se confrontam. A primeira força é a ansiedade de aprendizagem, que está associada ao processo de aprendizagem de algo novo e ao medo do fracasso que lhe está associado. A segunda força é a ansiedade de sobrevivência, que se refere à pressão para mudar. Exemplos de ansiedade de sobrevivência incluem o medo de incompetência temporária, o medo de punição por incompetência, o medo de perda de identidade pessoal e o medo de perda de pertença ao grupo. A ansiedade de sobrevivência é considerada uma força motriz, enquanto a ansiedade de aprendizagem é uma força de contenção. Entre algumas das intervenções que uma organização ou os gestores podem aplicar para apoiar os processos de mudança estão o visionamento, a formação de competências, o aconselhamento das pessoas durante a mudança e a abordagem das emoções

Parte das razões para a resistência à mudança é o facto de os trabalhadores persistirem em práticas e comportamentos familiares e confortáveis do passado. Outra razão para o fracasso é o facto de as mudanças introduzidas não conseguirem alterar a psicologia fundamental ou a "sensação" da organização para os seus membros" e é esta "sensação" que orienta e motiva os esforços dos trabalhadores. Sem mudar a psicologia, não pode haver mudança sustentada". (Schneider 1996, p.l) Além disso, a personalidade desempenha um papel essencial na iniciação e na adaptabilidade às mudanças. Outros factores-chave na resposta de um indivíduo à mudança são a história da organização, a história do indivíduo, o seu tipo e as consequências da mudança (Cameron e Green 2004).

A comunicação das mudanças dará aos trabalhadores a razão e a segurança do que está realmente a acontecer. A falta de informação e de comunicação provocará frustração e alienação. Faz parte da natureza humana sentir ansiedade em relação às mudanças, o que pode causar resistência à mudança. Uma forma de apoiar as mudanças organizacionais é articular as necessidades dessa mudança. Além disso, de acordo com Peter de Jager (2009), se a estratégia de comunicação se centrar na resposta à pergunta "Porque é que esta mudança é necessária?", então nunca se perderá (De Jager 2009).

Referindo-se particularmente à resistência à aplicação dos 5S enquanto processo de mudança, Sarkar (2006) reconhece dois tipos de resistência: passiva e ativa. A resistência passiva é a oposição silenciosa à aplicação dos 5S, como a indiferença e a falta de participação nos processos de aplicação ou nas reuniões, a falta a essas reuniões ou o cometimento deliberado de erros, a não realização do trabalho atribuído aos 5S, etc. A resistência ativa à aplicação dos 5S é caracterizada por protestos óbvios contra a aplicação dos 5S, tais como queixas em reuniões e rotulagem dos 5S como um fardo, interrupção das reuniões dos 5S com perguntas irrelevantes, falta de envolvimento na aplicação dos 5S, etc. (Sarkar 2006).

Comunicação e mudança organizacional

Referindo-se a Pitman (2004), Huf descreve os seguintes factores como críticos para o sucesso da mudança organizacional: (1) preparação adequada, (2) participação do utilizador/cliente, (3) uma forte necessidade de mudança relacionada com a empresa, (4) sistema de recompensas que apoie a mudança, (4) elevado grau de comunicação (Huf III). O fator comunicação é um pré-requisito para o funcionamento organizacional e para o sucesso, não só em organizações de conhecimento intensivo, mas também no atual ambiente de trabalho, que consiste no trabalho em equipa e na colaboração entre trabalhadores de diferentes grupos funcionais.

Uma razão para a barreira de comunicação pode ser a língua. Trata-se de uma barreira linguística que afecta os estilos de comunicação, os valores e as formas de expressão de empresas com trabalhadores multiculturais. Isto pode levar a mal-entendidos e confusão, o que, por outro lado, influenciará a relação de trabalho e o desempenho dos empregados. Além disso, na comunicação organizacional externa e intercultural, essas implicações podem dissolver as relações comerciais.

Além disso, o fator determinante para uma comunicação eficaz é a partilha de informações e "a comunicação eficaz pode ser descrita como uma combinação da forma como a informação é fornecida, acedida, partilhada e utilizada (Yazici 2001, p.542)".

Outro fator que pode influenciar os processos de comunicação entre os trabalhadores numa organização em mudança são as emoções dos trabalhadores envolvidos nos processos de mudança. Essas emoções podem ser, por exemplo, frustração, raiva, ansiedade, incerteza e medo e podem ser geridas através da monitorização da implementação do programa de mudança e, em particular, através de uma melhor comunicação com os destinatários da mudança (Liu e Perrewe 2005).

Sustentabilidade e adaptabilidade organizacional

A sustentabilidade é concomitante com os processos de implementação de um programa e é apoiada pela rotinização. Os programas consistem em actividades, necessárias para atingir um conjunto de objectivos que orientam o comportamento dos actores envolvidos. Essas atividades, por sua vez, são constituídas por tarefas, cuja execução requer recursos financeiros, humanos e materiais. O estudo dos processos é efectuado através de eventos, que se dividem em três tipos: (1) eventos específicos da sustentabilidade, (2) eventos específicos da implementação, e (3) eventos que pertencem tanto à sustentabilidade como à implementação (Pluye etal. 2005).

Pluye etal. (2005) sugerem os seguintes eventos de rotinização e implementação:

Estabilização dos recursos - a estabilização dos recursos financeiros, humanos e materiais favorece a rotinização

- Assumir riscos - ao assumirem riscos, as organizações incentivam a exploração de novas actividades e, deste modo, os empregados aprendem novas actividades ou produtos e têm um vasto leque de oportunidades para se rotinizarem. A exploração leva à presença de rotinas organizacionais (exploração).

- Incentivos - os incentivos favorecem a permanência dos recursos humanos e a rotinização. A promoção de pessoal, por exemplo, incentivaria a rotinização das inovações (ao oferecer maior responsabilidade e poder).
- Adaptação das actividades - a adaptação das actividades (por exemplo, adaptação às circunstâncias locais ou à variação ambiental) de acordo com o seu contexto ou ambiente tem influência nos processos de rotinização.
- Adequação aos objectivos - a adequação dos objectivos da organização às suas metas e valores é suscetível de levar à rotinização.
- Comunicação transparente - a comunicação aberta aumenta a confiança e a partilha de recursos. Também ajuda os intervenientes a concentrarem-se num objetivo comum e num conjunto de metas, o que conduzirá à congruência e apoiará a rotinização.
- Integração das regras - a integração das regras do programa no resto das regras da organização incentivará a rotinização.

Schneider et al (1996) afirmam que a sustentabilidade da mudança organizacional será alcançada quando tanto o clima (o que os membros da organização sentem) como a cultura (o que os membros acreditam que a organização valoriza) mudarem. A sustentabilidade das mudanças organizacionais depende também, em grande medida, do empenhamento dos trabalhadores na mudança.

Melhoria organizacional - aprendizagem e desenvolvimento

As organizações desenvolvem-se com a experiência e com a aprendizagem. O conhecimento ou a competência também são alcançados através da aprendizagem. A aprendizagem organizacional é muito mais do que a aprendizagem individual das pessoas, mas é antes uma questão de "[...] um processo dinâmico baseado no conhecimento, que implica a deslocação ao longo dos diferentes níveis de ação, passando do nível individual para o nível do grupo e depois para o nível organizacional e vice-versa" (Jerez-Gomez, Cespedes-Lorente e Valle-Cabrera 2003, p.716). Alguns investigadores do problema sugerem que existe uma correlação entre a aprendizagem organizacional e a eficácia e afirmam que a aprendizagem organizacional só ocorre quando a eficácia organizacional é reforçada (Huber 1991, p.89)

A organização que aprende é uma organização que experimenta. As experiências organizacionais e as auto-avaliações são geralmente direcionadas para o aumento da adaptação, enquanto a manutenção das experiências organizacionais é geralmente direcionada para a adaptabilidade" (Huber 1991,p.93)

Huber (1991) afirma que uma organização sujeita a experiências ou mudanças se tornaria mais adaptável, porque essa organização permanecerá flexível e lidará mais facilmente com a adaptação a ambientes desconhecidos ou com o envolvimento em ambientes desconhecidos

2.7. 1medidas de desempenho

Com base no trabalho de Folan et al, (2005), a identificação dos parâmetros-chave de desempenho constitui a base sobre a qual serão obtidos os resultados. Após a aplicação bem sucedida de ferramentas "lean" através do feedback atempado da ferramenta "lean", a medição do desempenho foi calculada para a ferramenta "lean" aplicada em particular. As medições de desempenho estabelecem ligações entre o objetivo da indústria, o valor para o cliente e a mudança lean. (Lohman et al, 2004) Se não forem selecionadas as medições de desempenho corretas, estas podem ser contraproducentes e obstruir o percurso Lean. Neely et al (2005), Melnyk et al (2004) resumiram uma lista de diretrizes que podem ser utilizadas para selecionar o conjunto adequado de desempenho de modo a evitar qualquer obstrução.

1 . a estratégia, a finalidade e o objetivo da organização estão diretamente relacionados com as medidas de desempenho, a fim de evitar qualquer desalinhamento e dúvida sobre a medida. os parâmetros têm de identificar o fosso entre as medidas de expetativa e as medidas práticas.

2 .Para recolher os dados necessários, é essencial compreender a funcionalidade

do processo em causa para identificar a fonte e os métodos de recolha dos dados.

3.na base do valor do cliente e da satisfação do cliente para obter o apoio necessário e a comunicação com todas as pessoas envolvidas, as medidas devem ser selecionadas. O principal objetivo é evitar os mal-entendidos.

4. se cada parâmetro for visível, transparente e fácil de quantificar com um feedback rápido, a tomada de decisões é mais fácil e o decisor monitoriza, controla e corrige o desempenho (Hauser et al, 1998)

5. as variáveis que afectam e controlam o desempenho devem ser identificadas e ser claras quanto à sua inter-relação (Suwignjo, 200)

2.7.2 Principais tipos de desperdícios no Lean e passos para alcançar o Lean

A filosofia Lean é o processo centrado no cliente, através do qual todas as pessoas da organização eliminam continuamente os desperdícios com o objetivo específico da organização. Womack e Jones descrevem o pensamento lean como "os antípodas" muda. Muda é a palavra japonesa para o desperdício. Especialmente para as actividades humanas que absorvem os recursos mas não criam valor.

Os oito principais tipos de desperdícios do Lean Manufacturing:

Os 8 desperdícios (Muda em japonês) no âmbito do sistema Lean são abordados de seguida:

1. defeitos:

Como resultado da má qualidade do sistema, ocorrem defeitos nas unidades que têm de ser submetidas ao processo. Quando um erro é passado para a operação seguinte ou para o cliente, é inevitável a ocorrência de perdas. Do ponto de vista da satisfação do cliente, a organização deve fornecer ao utilizador final uma peça sem defeitos. Assim, fazer tudo corretamente à primeira é a forma mais eficiente e com menos desperdício.

2. sobreprodução:

A sobreprodução significa fabricar bens em excesso ou fabricar bens necessários numa quantidade excessiva. O sistema de produção tradicional utilizava o conceito de quantidade de encomenda económica, também conhecido como dimensão económica do lote, para determinar a dimensão ideal do lote de produção. Assim, para qualquer organização, é necessário controlar a sobreprodução através de um planeamento adequado do fluxo de materiais e processos.

3. Esperar:

Espera significa atraso proveniente de pessoas, processos ou material em processo (WIP), inventário. Qualquer atraso enquanto se aguarda a instrução, a informação, as matérias-primas.

O desperdício de tempo de espera aumenta o risco de ferimentos e outros exigem um manuseamento e uma deslocação adicionais das mercadorias.

4. não utilizar competências:

Não utilizar o talento do empregado. Este é um desperdício comum na organização. Alguns gestores de tempo não estão a compreender a capacidade da pessoa, por isso dão-lhe outro trabalho que é um trabalho desinteressante para ele, por isso a organização não obtém o melhor resultado da pessoa em particular. Por isso, é essencial conhecer as competências da pessoa e, depois de as conhecer, é necessário utilizar corretamente as competências da pessoa para obter os melhores resultados.

5. Transporte:

O manuseamento ou a deslocação múltipla dos produtos não acrescenta qualquer valor ao produto.

6.1 Inventário:

Inventário significa existências sem fornecer valor ao produto. O inventário é uma atividade ou uma coisa com custos acrescidos. Trata-se de uma forma dispendiosa de planear o programa de produção, de um prazo de entrega excessivo e de problemas com os fornecedores.

7 .Movimentos: Os movimentos desnecessários do produto, dos recursos

humanos e da maquinaria não acrescentam valor ao produto.

8 . Processos adicionais: As etapas de processamento desnecessárias devem ser eliminadas. O processamento excessivo consiste em acrescentar caraterísticas não necessárias que não acrescentam valor para o cliente.

Tabela No: 2.2 Tipos de Resíduos.

Sr. No.	Type of Waste	Definition	Office Example	Manufacturing Example
1.	**Defect**	Work that contains errors or lacks something necessary	• Incorrect information being shared • Data entry errors • Forwarding incomplete documents	• Scrap • Rework • Missing parts
2.	**Over productio n**	Producing more materials or information than customer demand	• Creating reports no one reads/needs • Making extra copies • Providing more information than needed	• Producing more products than demand • Batch process resulting in extra output • Having a "push" production system
3.	**Waiting**	Idle time created when material, information, people or equipment is not ready	• Ineffective meetings • Waiting for meetings to start • Files awaiting signatures/approvals	• Waiting for tools, parts, information • Broken machines waiting to be fixed • Raw materials not ready
4.	**Not Utilizing Talent**	Not, or under, utilizing the talent of employees	• Insufficient training • High absenteeism and turnover • Inadequate performance	• Employing people in the wrong position • Not fully training employees • Missing improvements by failing to listen to employees
5.	**Transport ation**	Movement of materials or information that does not add value	• Hand carrying paper to the next process • Delivering unneeded documents • Going to get signatures	• Moving products around before shipping • Moving product from different workstations • Moving inventory around to take stock
6.	**Inventory**	Excess materials on hand that the customers or employees do not need right now	• Purchasing excessive office supplies • Searching for computer files • Obsolete files or office equipment	• More finished products than demand • Extra materials taking up work space • Broken machines sitting around
7.	**Motion**	Movement of people that does not add value	• Searching for files • Walking/reaching to get materials • Sifting through inventory to find what is needed	• Reaching to make adjustments • Walking to get a tool multiple times • Repetitive movements that could overwork/injure an employee
8.	**Extra Processing**	Efforts that do not provide value from the customer's perspective	• Unnecessary signatures on a document • Making more copies of a document than will be needed • Saving multiple copies of the same file in multiple locations	• Adding unneeded value to a product • Using a more high-tech machine than needed • Extra steps to correct avoidable mistakes

Etapas para alcançar o sistema Lean

As seguintes etapas devem ser implementadas para concretizar a ideia do sistema de produção enxuta:

1. Designa um sistema de fabrico simples

2. identificar que há sempre espaço para melhorias

3.1O sistema de fabrico deve ser continuamente melhorado

Conceber um sistema de fabrico simples

O sistema de fabrico enxuto baseia-se na procura do cliente. Assim, o princípio fundamental do sistema Lean é o fabrico em fluxo baseado na procura. Quando é necessário satisfazer uma encomenda de um cliente, as existências são retiradas de cada centro de produção. As vantagens incluem

- Redução do tempo de ciclo
- As necessidades de inventário são muito reduzidas
- Aumento da capacidade de produção
- Aumento da utilização do equipamento de capital

Identificar que há sempre espaço para melhorias

O principal objetivo da filosofia lean é a melhoria dos produtos e dos processos e a eliminação ou redução das actividades sem valor acrescentado. As actividades de valor acrescentado destinam-se simplesmente aos clientes que estão dispostos a pagar. Qualquer atividade sem valor acrescentado é considerada um desperdício. Identificar os desperdícios e eliminá-los do processo, melhorando assim o fluxo de material através de uma nova disposição para satisfazer as necessidades dos clientes no momento certo. Tentar sempre evitar movimentos desnecessários do material,

o sistema de fabrico enxuto deve ser continuamente melhorado

Para a implementação eficaz das ferramentas Lean e para obter os benefícios da filosofia Lean, a melhoria contínua do processo ou do produto é obrigatória; a criação de uma mente de melhoria contínua é essencial para atingir o objetivo da organização. O termo "melhoria contínua" significa a melhoria de produtos, processos ou serviços ao longo do tempo com o objetivo de reduzir o desperdício para melhorar o funcionamento da organização e o serviço ao cliente.

2.7.3 O Lean Manufacturing atualmente

Atualmente, os métodos de produção optimizada continuam a ser adoptados em todo o mundo. Desde o início da década de 1980, os novos métodos de produção optimizada ganharam aceitação mundial e reconhecimento internacional (Womack, 2007). Além disso, os métodos Lean estão a ser modificados e adoptados para utilização noutros sectores económicos para além da indústria transformadora e são habitualmente utilizados nos domínios dos serviços e da saúde (Garban, 2008).

Os métodos Lean baseiam-se numa abordagem disciplinada e altamente eficaz das operações de fabrico que visa a eliminação de desperdícios e a melhoria contínua de todos os processos de fabrico (Dennis, 2007). Em última análise, ao melhorar continuamente os processos de fabrico através da eliminação de desperdícios, é criado mais valor para o cliente, uma vez que a qualidade é melhorada e os custos acabam por diminuir (Dennis, 2007; Emiliani, 2005).

Os métodos Lean compreendem um sistema de ferramentas e estratégias altamente flexíveis que formam um sistema de gestão (Dennis, 2007). Num sistema de gestão Lean, todas as ferramentas e estratégias Lean estão inter-relacionadas com base nos Sete Desperdícios e apoiam-se mutuamente

(Dennis, 2007). Quaisquer que sejam as ferramentas ou métodos lean escolhidos por uma organização para implementação, eles culminarão, em última análise, na melhoria da qualidade, no aumento do valor do produto, na resposta mais rápida aos clientes e na maior flexibilidade do processo de fabrico para aumentar a velocidade e reduzir os custos (Schonberger, 2007). Para atingir estes objectivos, as ferramentas e os métodos lean apoiam a melhoria contínua e a eliminação de desperdícios e centram-se nas operações nas áreas da produtividade, qualidade, custos, tempo de entrega, segurança e ambiente, e moral (Dennis, 2007).

Quando uma organização avança na sua implementação dos métodos lean, obtém ganhos financeiros substanciais em muitas áreas da organização (Dennis, 2007). Womack e Jones (1996) estimaram que a organização média de fabrico, ao fazer a transição dos métodos de fabrico em massa para os métodos lean, regista um aumento de 100% na produtividade do trabalho, uma diminuição de 50% no tempo de produção por unidade, uma redução de 90% em todos os principais tipos de inventário e uma redução de 50% nos erros de produção.

Além disso, a investigação do Lean Enterprise Institute (2005) também demonstrou que as organizações obtêm ganhos substanciais com a implementação de sistemas e métodos Lean. A investigação mostrou que, normalmente, a produtividade aumentará em 50% e o montante de capital necessário para suportar a mesma quantidade de capacidade de fabrico diminuirá em 50%. Os processos de produção e de desenvolvimento de produtos melhorarão e o tempo necessário para a produção e o desenvolvimento de produtos diminuirá substancialmente. Além disso, ao utilizar o novo sistema, será possível fabricar uma maior variedade de produtos com melhor qualidade.

Transição do montador Lean

A comunicação, a resolução de problemas e as competências de equipa do montador lean são fundamentais para apoiar a melhoria contínua e a eliminação de desperdícios. A principal tarefa do montador lean é acumular, reorganizar e aplicar continuamente os conhecimentos e as competências de produção (Fujimoto, 1999). Ao contrário do montador de produção artesanal, que possuía um conhecimento profundo, e do montador de produção em massa, que possuía muito pouco, o papel do montador lean requer o desenvolvimento de relações de trabalho, elevados níveis de participação no grupo, ser um contribuinte de conhecimento e ser um criador de informação (Fujimoto, 1999). Para desempenhar esta nova função e responsabilidades profissionais, o montador "lean" é frequentemente chamado a participar numa série de actividades de grupo, a dominar continuamente novos conhecimentos e competências, a desenvolver fortes capacidades de resolução de problemas e a comunicar eficazmente os resultados (Holbeche, 1998; Mann, 2005).

Embora as ferramentas e as estratégias altamente flexíveis constituam o sistema de gestão Lean, no cerne do sistema Lean está a prática e a filosofia do "respeito pelas pessoas" (Emiliani, 2004; Ohno, 1988). Num sistema de gestão verdadeiramente "lean", um montador não é visto como descartável ou como um adversário. Pelo contrário, o montador é considerado um parceiro no processo lean (Holbeche, 1998; Mann, 2005). Num sistema de gestão lean, o montador é encorajado e formado para contribuir para a eliminação dos desperdícios e para participar na resolução de problemas e nas actividades de melhoria contínua (Fujimoto, 1999)

Nos sistemas lean, reconhece-se que, em última análise, são os trabalhadores que criam mais valor para o cliente, o que, por sua vez, conduz a uma maior prosperidade para o montador e para a empresa

(Emiliani, 2004; Ohno, 1988). Em teoria, os sistemas de produção optimizada proporcionam um resultado positivo para todas as partes envolvidas.

Com tais promessas de prosperidade e ganho financeiro, é compreensível que a adoção do Lean tenha se tornado um caminho muito bem trilhado no mundo industrial (Schonberger, 2007). No entanto, nos últimos 30 anos, apesar da promessa de ganhos financeiros substanciais, poucas organizações tiveram sucesso em sua transformação lean (Emiliani, 2005; Womack, 2007). Para a maioria das organizações, o sucesso na utilização de métodos e ferramentas Lean e no desenvolvimento de um sistema de gestão Lean continua a ser difícil de alcançar.

2.8 Resumo da revisão da literatura

Uma análise da literatura sobre o Lean Manufacturing mostra claramente que o sistema de fabrico enxuto é o processo de melhoria contínua. É uma viagem de não lean para lean, mas não é um destino. As organizações obtêm os benefícios apenas durante a viagem. É a influência de um modelo teórico. Trata-se de uma cultura que tem de ser adoptada pela organização e pelas pessoas da organização para obter os melhores benefícios da filosofia "lean". Todas as pessoas da organização têm de respeitar e seguir os princípios lean para que a implementação da filosofia lean seja bem sucedida.

A partir da revisão da literatura, o legado histórico promove a falta de consideração dos possíveis benefícios da aplicação teórica, não estamos a ignorar a implementação bem sucedida da ferramenta Lean noutros sectores para além do sector da produção. O sistema Lean Manufacturing nasceu no sector automóvel e foi amplamente utilizado no sistema de produção ou no sector da produção, mas agora também é aplicado com êxito nos escritórios e no sector dos serviços.

A equipa de gestão de diferentes organizações tem de realizar uma sessão de formação para os seus empregados, para uma melhor compreensão do sistema Lean e para a melhoria contínua que é necessária. O Lean Manufacturing centra-se na eliminação dos desperdícios ou de actividades sem valor acrescentado para a melhoria contínua. A filosofia Lean tem 8 tipos de desperdício, pelo que as organizações têm de se concentrar neste ponto e tentar minimizar ou eliminar estes tipos de desperdício do processo e melhorar o fluxo do processo.

CAPÍTULO 3

METODOLOGIA DE INVESTIGAÇÃO, PANORÂMICA E APLICAÇÃO DAS FERRAMENTAS LEAN

3. 1FERRAMENTAS E TÉCNICAS DE FABRICO LIMPO .

Para que a implementação do sistema Lean na organização seja bem sucedida, é necessário identificar os principais desperdícios no processo. Depois de identificar os tipos de desperdícios, devem ser aplicadas diferentes ferramentas Lean para eliminar ou reduzir esses tipos de desperdícios do processo, de acordo com a cultura da organização em causa.

Lean tem uma vasta coleção de portagens e ideias. É muito importante identificar qual a ideia e a ferramenta Lean mais adequada para uma determinada indústria, o que foi feito apenas através de um inquérito. Na secção seguinte, é apresentada uma descrição pormenorizada das ferramentas Lean. A figura mostra algumas das ferramentas Lean mais comuns.

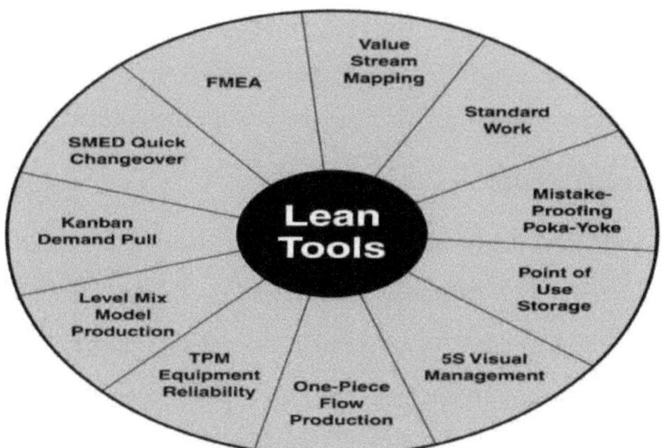

Figura No: 3.1 Ferramentas e técnicas Lean Manufacturing.

3.1.1 Fabrico de telemóveis .

Quando uma organização pretende ser Lean, o fabrico celular é o primeiro passo para se tornar Lean. O fabrico celular é a ideia que aumenta a mistura de produtos com o mínimo de desperdício possível. Ao organizar os recursos disponíveis, como a maquinaria, o equipamento é organizado na direção que mantém um fluxo contínuo e suave de material e peça de trabalho ao longo do processo.

A definição de célula: Uma célula é uma combinação de pessoas, equipamentos e postos de trabalho organizados segundo a ordem do fluxo do processo, para fabricar a totalidade ou parte de uma unidade de produção. Fazemos pouca distinção entre uma célula e aquilo a que por vezes se chama uma linha de fluxo. No entanto, a implicação de uma célula é que ela:

-Tem um fluxo de uma só peça ou de um lote muito pequeno

-É frequentemente utilizado para uma família de produtos

-Dispõe de um equipamento de dimensão adequada e muito específico para esta célula

Está normalmente disposta em forma de C ou U para que as entradas de matérias-primas e as saídas de produtos acabados sejam facilmente controladas

-Tem pessoas com formação cruzada para ter flexibilidade

Vantagens das células

As células são uma parte integrante do fabrico Lean. A utilização de células é tão básica que no TPS (Sistema de Produção da Toyota) nem sequer é posta em causa. Infelizmente, para outros, as células podem não funcionar exatamente da mesma forma, pelo que vale a pena compreender as vantagens e desvantagens das células antes de embarcarmos num esforço total para converter tudo em células.

É fácil ver que as células reduzem o transporte devido ao facto de as estações de trabalho estarem estreitamente ligadas entre si. Não fazem nada diretamente para reduzir a espera, uma vez que esta é uma função do equilíbrio e da variação do trabalho. As células, por si só, também não fazem nada diretamente para evitar a sobreprodução ou os defeitos. Minimizam o inventário quando o fluxo de uma peça é alcançado, o que constitui a sua conceção básica. Quanto ao movimento, elas promovem de facto o movimento, um movimento mais eficiente, dependendo da conceção da célula e não fazem nada para reduzir o excesso de processamento.

Assim, a produção celular é concebida para reduzir os desperdícios de transporte e de inventário. As células quase sempre o fazem, resultando em vantagens de produção tais como:

-A redução do prazo de entrega da primeira peça

-A redução do prazo de entrega dos lotes

Assim, com os prazos de entrega reduzidos, temos maior flexibilidade e capacidade de resposta. No entanto, ambos os benefícios podem ser alcançados com uma linha de fluxo. Uma linha de fluxo é uma linha linear,

em vez de uma disposição fechada em forma de U ou C. Para obter estas vantagens numa linha de fluxo, é necessário adotar a mesma abordagem de baixo inventário e garantir que as estações estão acopladas como numa célula. Então, porque é que as células são tão populares? Existem outras vantagens das células em relação às linhas de fluxo que podem ser um pouco mais difíceis de quantificar, mas que são possivelmente razões ainda mais poderosas para escolher células em vez de linhas de fluxo em muitas circunstâncias de fabrico.

A primeira e frequentemente a maior razão para selecionar células em vez de linhas de fluxo é a flexibilidade da taxa de produção possível com as células. Por exemplo, digamos que temos uma célula equilibrada típica com seis estações de trabalho e seis trabalhadores. Se utilizarmos três trabalhadores em vez de seis, podemos ter cada trabalhador a fazer o trabalho de duas estações, o que duplicará o tempo de ciclo ou reduzirá para metade a taxa de produção. Se os trabalhadores forem concebidos para se deslocarem de uma estação para outra, é possível utilizar um, dois, três, quatro, cinco ou seis trabalhadores e obter 16%, 33%, 50%, 67%, 83% ou 100% da capacidade sem aumento dos custos unitários de mão de obra.

Isto permite que a célula funcione a taxas diferentes consoante a alteração da procura do cliente. Esta modulação da taxa é muito mais eficaz do que arrancar, pôr a célula a funcionar à taxa máxima e depois desligá-la quando a procura do mês tiver sido satisfeita. O arranque e a paragem da célula não são mais do que a criação de lotes. O TPS é um sistema de destruição de lotes e não um sistema de criação de lotes. Esta modulação da taxa através da modificação do pessoal não é prática numa linha de fluxo.

Quando as células estão dispostas em forma de C ou U, a comunicação entre os trabalhadores é facilitada. Por exemplo, todos os trabalhadores estão próximos uns dos outros, pelo que a interação entre trabalhadores é encorajada. A interação entre trabalhadores para ajudar na formação cruzada e a interação entre trabalhadores para ajudar na resolução de problemas são apenas dois desses benefícios. Esta proximidade torna a comunicação muito mais simples. Além de poderem comunicar melhor, os trabalhadores também se ajudam mutuamente.

A célula em U típica situa o primeiro e o último postos de trabalho perto um do outro. Além disso, na célula em U típica, os trabalhadores sentam-se ou caminham normalmente no centro da célula, o que liberta o exterior da célula para fornecer mais facilmente os materiais à célula.

Dois benefícios ocultos das células:

Verifica-se que existem dois grandes benefícios do fabrico celular que

> raramente são mencionados, mas que são muito reais, muito positivos e muito poderosos: em primeiro lugar, a própria natureza de uma célula cria uma equipa com um sentido de fluxo e sincronização que não se verifica nas linhas de fluxo. Na linha de fluxo, existem dois vizinhos; na célula, todos estão muito próximos.

O conceito de equipa é muito poderoso e existe um verdadeiro sentido de entreajuda. Na célula, uma vez que o processo está à volta do trabalhador, existe uma sensação de fluxo e de sincronização que não está presente na linha de fluxo. Temos casos documentados que mostram que esta sensação de fluxo e sincronização cria efetivamente um ritmo mais rápido na célula com tempos de ciclo reduzidos. Descobrimos que não é invulgar as células reduzirem o tempo de ciclo em 10 ou mesmo 20 por cento à medida que amadurecem. Tenho testemunhado frequentemente esta melhoria do tempo de ciclo nas células, mas ouço muitos engenheiros atribuírem-na à formação e à maturidade dos trabalhadores. Estes mesmos engenheiros, no entanto, não conseguem explicar porque é que não vemos os mesmos benefícios numa linha de fluxo à medida que esta amadurece

Esquema de funcionamento

Figura No:3.2 Esquema funcional

Disposição celular

Figura No:3.3 Esquema celular

Para atingir o objetivo lean, as pessoas e as máquinas são organizadas em células. A célula tem a vantagem do conceito de fluxo de uma só peça, o que significa que cada peça se move através do processo, uma unidade de cada vez, sem paragens inesperadas, a um ritmo controlado pelo cliente que necessita de fabrico celular, tendo outra vantagem que abrange o produto misto. Quando o cliente necessita de uma variedade de produtos num curto espaço de tempo, é importante que a organização tenha flexibilidade no processo e esteja preparada para satisfazer as necessidades do cliente. Este tipo de flexibilidade pode ser obtida tornando-se o grupo de produtos semelhantes que podem ser processados na mesma máquina e na mesma sequência. Quando o cliente exige um produto num curto espaço de tempo, a organização tem pouco tempo para mudar os produtos, pelo que encorajará a produção em lotes semelhantes. Algumas das outras vantagens do fabrico celular são

- Redução das existências - principalmente nos trabalhos em curso
- O manuseamento e o transporte de materiais podem ser reduzidos
- A utilização do espaço torna-se mais eficaz
- Redução do prazo de entrega
- Identificar facilmente a razão dos defeitos e problemas da máquina
- Melhoria da produtividade
- Melhoria do trabalho em equipa e da comunicação

A disposição celular tem vantagens sobre a disposição funcional. Na disposição funcional, o arranjo da máquina não é adequado e o fluxo do material ou das peças é feito em ziguezague ou não na sequência correta, pelo que se acaba por desperdiçar tempo e recursos humanos. Além disso, as indústrias não conseguem obter a produção dentro do prazo e atrasam a expedição. Ao organizar a maquinaria de acordo com o processo industrial, o fluxo de peças torna-se muito suave e o tempo é poupado, evitando o movimento desnecessário do homem e da máquina. Devido ao movimento desnecessário do material e da mão de obra, as indústrias não utilizam os recursos humanos exactos, pelo que se trata de um tipo de desperdício que a filosofia lean não permite, pelo que é melhor minimizar ou eliminar este tipo de desperdício. Ao utilizar o layout de fabrico celular, qualquer indústria pode facilmente remover o movimento indesejado do processo e utilizar os recursos em pleno para melhorar a produtividade, reduzindo o trabalho em processo.

3.1.2 Método Kaizan.

De acordo com Khan et al (2007) e Manos (2007), o método Kaizen baseia-se na filosofia de uma cultura de melhoria contínua, incremental e sustentável, obtida através do envolvimento de todas as pessoas da organização. É o ponto de partida da jornada lean. O método Kiazan centra-se totalmente na redução ou eliminação de desperdícios e actividades sem valor acrescentado e na melhoria da qualidade da produção. O método Kaizen é muito útil para a implementação do método Lean, pois permite um melhor trabalho em equipa e é a ferramenta adequada para identificar as actividades sem valor acrescentado

Há cinco elementos-chave dos métodos de implementação do kaizan que são

- Trabalho em equipa:

  Todas as organizações vencem no mercado com um bom trabalho de equipa. O trabalho em equipa significa que um grupo de pessoas trabalha para um objetivo comum, pelo que a motivação das pessoas é essencial para construir o trabalho em equipa, que é responsável pela implementação, monitorização e medição do método Kaizan.

    - Selecções de Atividade:

      Identificar a atividade ou área específica onde o método kaizan será implementado.

- Identificação dos resíduos

  Identificar actividades de valor conhecido e de valor muda dentro da organização ou sector específico. Desenvolver um plano atual e futuro para minimizar ou eliminar os desperdícios.

- Sugestão de melhoria:

  Através da identificação dos desperdícios da organização, apresentar um plano ou sugestão de melhoria utilizando o método kaizan

- Identificação da ferramenta:

  No que diz respeito à identificação dos resíduos, selecionar as ferramentas e o método adequados para eliminar esse tipo de resíduos, a fim de melhorar a produtividade.

3.1.3 Just-In-Time (JIT)

O Just in time é também uma ferramenta lean muito eficaz. Para um melhor desempenho da organização, planeia-se reduzir o inventário, reduzir o tamanho do lote, o tempo de espera ou o tempo total do ciclo e também concentrar-se na redução do custo de produção. Para atingir este objetivo, é essencial implementar a filosofia just in time como uma ferramenta lean para a organização. O sistema JIT é a abordagem através da qual a organização pode fornecer os artigos certos na altura certa e na quantidade certa (Klassen, 2000).

Os principais princípios para uma implementação bem sucedida do sistema JIT são

- envolvimento das pessoas e formação

  É muito essencial criar um ambiente de trabalho comunicativo para a implementação bem sucedida do JIT. O envolvimento de todas as pessoas dentro da organização é a principal caraterística chave do JIT. A equipa de gestão tem de dar a formação adequada a todas as pessoas, organizando a sessão de formação por departamento ou de acordo com a conveniência de todos os funcionários. Uma boa formação e programas educativos são elementos básicos para funcionários flexíveis e polivalentes que são responsáveis pela aplicação do JIT (Mould et al, 1995)

- relação de fornecedores:

  O principal objetivo do JIT é entregar o artigo certo no momento certo ao cliente, pelo que ter uma boa relação com o fornecedor é a parte principal do sistema JIT. É a componente importante para assegurar o fluxo contínuo do material nas quantidades certas e no momento certo. Uma boa relação com o fornecedor e a partilha de informações com ele eliminam ou reduzem o inventário e melhoram a qualidade do produto. (Kumar, 2010)

- Eliminação de resíduos:

  O principal objetivo do JIT é produzir a quantidade solicitada pelo cliente, de modo a eliminar os resíduos de sobreprodução. Além disso, o principal objetivo do JIT é a redução contínua e a eliminação de todos os resíduos (Low et al, 2008).

- Sistemas de tração.

  O sistema pull depende da procura real do mercado e do estudo real do mercado. Este sistema responde à procura efectiva, em vez de se basear em estimativas (Liker, 2004; Kuma, 2007). O principal objetivo do sistema pull é reduzir o inventário através de uma programação adequada e do controlo do trabalho em curso de produção.

- Fluxo de trabalho ininterrupto.

  O sistema JIT funciona com base no fluxo contínuo do processo de trabalho. Qualquer interrupção do processo de trabalho não é tolerada. O fluxo contínuo leva à minimização do trabalho em curso, do tempo de espera, do tempo total do ciclo e do custo de produção (Low et al, 2008)

- Controlo de Qualidade Total (TQC).

  A qualidade do produto é o requisito básico da organização. Um produto com a melhor qualidade, as vendas de um determinado produto são mais elevadas em comparação com produtos de qualidade inferior. O JIT assegura a produção do produto certo à primeira. O TQC tem como objetivo atingir um sistema de zero defeitos, de modo a minimizar o desperdício e o retrabalho. (Ghosh, 1994)

3.1.4 Manutenção Produtiva Total (MPT)

De acordo com Chan et al (2005), a Manutenção da Produtividade Total é um método bem estabelecido que tem como objetivo melhorar a fiabilidade da máquina e também aumentar a eficiência da máquina ou do equipamento. A TPM também se concentra na redução dos desperdícios, minimizando o defeito, minimizando a variação do processo e reduzindo o custo total dos componentes. O objetivo da TPM é alcançado através da procura da causa raiz dos tempos de paragem por falha da máquina, maximizando a duração do período de tempo entre falhas e dando formação, envolvendo todos os níveis de pessoas dentro da organização. (Ireland et al, 2001 e Blanchhard 1997). A contribuição do TPM para as indústrias transformadoras consiste em melhorar o desempenho através da melhoria da capacidade da empresa para classificar e resolver problemas. Para além disso, o TPM tenta melhorar a cultura da organização e minimizar a barreira tradicional entre o departamento de produção e o departamento de manutenção. De acordo com Bamber et al (2000) e Ahmed et al (2005), o sistema TPM compreende os seguintes elementos

1.1. Evolução das pessoas

Todas as pessoas envolvidas na implementação do Lean na organização devem receber formação para melhor compreenderem a filosofia Lean e é também essencial para minimizar os desperdícios e melhorar o desempenho da organização. A formação e o desenvolvimento das pessoas é o principal objetivo da TPM. De acordo com Prouty (2006) e Mouss et al (2004), um programa de formação bem organizado e planeado é o requisito básico para a implementação da filosofia Lean. A formação planeada melhora o conhecimento do trabalhador e, em última análise, este conhecimento é utilizado para aumentar a qualidade do produto. As pessoas devem receber uma formação adequada para minimizar os tempos de inatividade e as avarias indesejadas e melhorar a produtividade (B inn inge r, 2004)

2. documentação.

A documentação desempenha um papel importante na aplicação da filosofia Lean. A documentação documenta os registos das actividades de monitorização, controlo e manutenção. Através da documentação adequada, temos os registos e ajudamos no futuro quando surgirem os mesmos tipos de problemas. Através da documentação, normalizamos todo o processo e, a partir do registo, ficamos com a ideia do processo indesejado e do desperdício de tempo, pelo que podemos reduzir ou eliminar os desperdícios de tempo e os movimentos indesejados do processo através da documentação adequada.

3,Manutenção regular

"Mais vale prevenir do que remediar", pelo que se deve planear sempre a manutenção regular das máquinas para evitar avarias. A partir das taxas de avaria da manutenção regular, minimizar e aumentar a utilização do equipamento. O TPM sugeriu que se fizesse um plano de manutenção preventiva para a maquinaria necessária, de modo a que a máquina funcione sem problemas e proporcione uma produção contínua. A inspeção regular, a lubrificação, o aperto das peças e a limpeza no âmbito do processo de prevenção de falhas e defeitos que podem causar a avaria da máquina.

3.1.5 5S da chave de limpeza

O 5s é a ferramenta mais poderosa da filosofia Lean. A implementação do housekeeping (5s) com o objetivo de melhorar o ambiente interno da organização, através da utilização destas ferramentas, a organização padroniza todo o processo e fluxo do processo, reduzindo assim o desperdício dentro das organizações. De acordo com Eti et al, (2004) o housekeeping (5s) pode ser listado como:

- Ordenar (Seiri): para a área de trabalho, classificar o material e as ferramentas necessárias.
- Endireitar (Seiton): identificar o material e as ferramentas indesejáveis da área de trabalho específica e retirá-los da área de trabalho.
- Varrer (Seiso): para limpar a área de trabalho. As actividades de manutenção e limpeza de rotina devem ser realizadas dentro da área de trabalho específica.
    - Padronizar (Seiketsu): todos os processos e trabalhos devem ser padronizados através da documentação adequada para aumentar a produtividade.
    - Auto-disciplina (Shitsuke): a auto-disciplina é muito importante para a implementação do lean. Implantar os passos acima e torná-los parte da tarefa diária.

Figura n.º: 3.4 Ferramenta 5s

BENEFÍCIOS DA IMPLEMENTAÇÃO DO 5S

Hoje em dia, muitas organizações implementaram o sistema 5S com resultados espantosos, tal como expressaram os nossos clientes, os CEOs e os MDs dos vencedores do Prémio Nacional 5S da Malásia:

"Não vimos nenhuma abordagem de melhoria que seja mais simples ou mais potente e que possa ser implementada a um CUSTO MAIS BAIXO"

Os benefícios são:

- O local de trabalho fica mais limpo e organizado.

- As operações na fábrica e no escritório tornam-se mais seguras.
- Os resultados visíveis aumentam a produção de mais e melhores ideias.
- Redução dos prazos de entrega
- Redução do tempo de mudança de instalações através da

racionalização das operações.

- Eliminação de avarias e pequenas paragens nas linhas de produção.
- Redução dos defeitos através da correção de erros.
- São estabelecidos métodos e normas claros.
- As existências em curso são reduzidas.
- A utilização do espaço é melhorada.
- As reclamações dos clientes são reduzidas

CHAVES PARA O SUCESSO DO 5S

Para que o sistema 5S seja bem sucedido, o fator mais importante é o empenho, a participação e o envolvimento de TODOS e um forte apoio visível da gestão de topo. De um modo geral, as actividades 5S devem ser realizadas sistematicamente da seguinte forma

- Visitar empresas modelo 5S para melhoria contínua.
- Dar formação adequada a todas as pessoas sobre as práticas 5S.
- Promover a campanha 5S.
- Planear uma abordagem sistemática seguindo o ciclo Planear-Fazer-Verificar-Atuar (P-D-C-A).
- Sistema de medição do desempenho e de recompensa da prática

3.1. 6Gestão da qualidade total (TQM)

Isaksoon 92006) definiu a Gestão da Qualidade Total como uma filosofia de gestão que se preocupa com a melhoria contínua da qualidade. Através da utilização da TQM, as organizações obtêm produtos de qualidade de alto nível, menos retrabalho, melhoram a produtividade e maximizam a satisfação do cliente. A TQM é integrada com ferramentas estatísticas de qualidade e gestão com o objetivo de reduzir os desperdícios e aumentar o desempenho da organização (sriparavastu et al 1997 e Yenug et al 1997)

Os princípios da TQM são:

1. compromisso de gestão:

Para que a implementação do TQM seja bem sucedida, todos os gestores devem estar empenhados em preparar, compreender e monitorizar todas as actividades para a redução de resíduos, e também trabalhar com a visão de eliminar todos os tipos de resíduos da organização e completar a missão da organização para ser uma organização Lean. Para isso, os gestores têm de formar as pessoas da sua fábrica e partilhar toda a informação com todas as pessoas para uma melhor compreensão do princípio TQM. Através da reunião das pessoas, os gestores têm de criar uma nova cultura dentro da organização, em vez da cultura tradicional de fabrico. A cultura da organização tem como objetivo o trabalho em equipa e a partilha de valores e benefícios, além de motivar as pessoas para a resolução dos problemas. Esta nova cultura tenta melhorar a comunicação através da eliminação das barreiras departamentais. (Maughan et al 2005)

2. formação e educação

A educação e a formação das pessoas são factores importantes para qualquer melhoria significativa da qualidade (Mathews et al, 2001). Para obter um produto de melhor qualidade, as pessoas precisam de ser formadas. Em primeiro lugar, identificar os problemas de qualidade na organização e procurar as ferramentas adequadas para resolver os problemas relacionados com a qualidade, a fim de obter melhores resultados e ajudar a melhorar o desempenho. A formação e a educação adequadas fornecem o conhecimento e, através do conhecimento, desenvolvem as competências do empregado. Esta competência é utilizada para minimizar os desperdícios da organização e prevenir os defeitos.

3. Satisfação do cliente.

A voz do cliente é um dos principais componentes do desenvolvimento de qualquer produto. Para qualquer produto, a satisfação do cliente é o principal objetivo. Ao dar a máxima satisfação ao cliente, o valor estimativo da organização aumenta. Se a organização entregar o produto certo no momento certo ao cliente, o valor temporal da organização aumenta. A resposta eficaz às necessidades de valor do cliente ajudará a organização a conceber, construir e operar o seu sistema para produzir os bens certos no momento certo (Zairi, 2002)

4. melhoria contínua

A melhoria contínua é essencial para se manter no mercado competitivo numa concorrência feroz. A mudança incessante no valor do cliente e na situação externa obriga a organização a tentar continuamente melhorar a qualidade dos produtos e processos para sobreviver no mercado.

3.1.7Six Sigma

Em 1998, a Motorola implementou o Seis Sigma como metodologia de medição da qualidade. O Seis Sigma baseia-se na medição do desvio padrão estatístico de uma poluição (Coronado etal, 2002).

O conceito de Six Sigma tem sido muito publicitado e, francamente, muito bem sucedido nos últimos tempos. A maior parte da publicidade está direta ou indiretamente relacionada com o grande esforço desenvolvido pela GE, que foi tornado público pelo seu agora reformado CEO, Jack Welch. O Seis Sigma tem as suas raízes na Motorola e nos esforços de Mikel Harry. É um conceito de design e um mecanismo de tolerância popularizado na publicação Six Sigma Producibility Analysis and Process Characterization, publicada pela Motorola University. O objetivo desta técnica era começar na fase de conceção e tentar produzir um produto de qualidade "Seis Sigma". Este foi definido como um produto com menos de 3,4 defeitos por milhão de oportunidades. Mais tarde, o conceito de Seis Sigma foi alargado para se tornar uma técnica de resolução de problemas, e o currículo Seis Sigma tornou-se padronizado com as certificações Seis Sigma Blackbelt e Greenbelt atualmente disponíveis.

Desde os primeiros tempos na Motorola, o conceito Seis Sigma cresceu e tem vários graus de sucesso. Welch, nos seus escritos, afirmava que a GE enviava 10 dólares para o resultado final por cada dólar que gastava nos esforços Seis Sigma. A maior parte das grandes instalações da GE tinham um complemento de Blackbelts e Greenbelts e, na realidade, criaram estes consultores internos como centros de custos. Outros ainda tentaram associar o Seis Sigma ao Lean Manufacturing sob o nome de Lean-Sigma ou qualquer outro esforço de duplo cano para vender mais um produto: "O Seis Sigma é uma iniciativa de resolução de problemas baseada em projectos que utiliza métodos estatísticos básicos e poderosos para resolver problemas empresariais e canalizar dinheiro para a linha de fundo da empresa"

> Assim sendo, o Seis Sigma não é um sistema de fabrico nem uma filosofia de fabrico; é antes um excelente conjunto de ferramentas que podem melhorar a resolução de problemas em qualquer tipo de negócio, seja ele de fabrico ou não. Por exemplo, quando ensinamos e formamos Blackbelts, exigimos sempre que realizem um projeto durante o programa de formação de quatro meses. Também controlamos os ganhos financeiros que são conduzidos para a linha de fundo; eles devem ser identificáveis no balanço. Um grupo recente de 14 Blackbelts, quatro meses após a sua formação, tinha registado $1.030.000. No final de um ano, os seus projectos tinham contribuído com $3.500.000 para o resultado final. Outros grupos têm um desempenho semelhante, pelo que o conceito de resolução de problemas Seis Sigma é sólido e ajuda a tornar a empresa numa máquina de fazer dinheiro mais poderosa. Mas o Seis Sigma não é uma filosofia de fabrico. É um animal completamente diferente do TPS, mas é totalmente compatível com o TPS.

Esta ferramenta é utilizada para reduzir a variação da produção e os defeitos. (Raisinghani et al, 20015), principal objetivo do Six-Sigma:

1 . Alcançar a satisfação do cliente:

A satisfação do cliente torna-se o fator-chave no mercado global de concorrência. É a chave principal de qualquer organização bem sucedida. A satisfação do cliente é conhecida através de inquéritos como questionários ou, por vezes, através de entrevistas pessoais ou telefónicas. Hoje em dia, a satisfação do cliente é conhecida através da utilização da tecnologia, por exemplo, e-mail, SMS, etc. O objetivo deste tipo de inquérito é saber se o serviço e o produto fornecidos pela organização correspondem ou não às expectativas do cliente (Behara et al, 1995).

2 . melhorias da qualidade

A melhoria da qualidade é conseguida através da minimização dos defeitos de produção e da redução do retrabalho e do refugo, ajustando a tolerância dos parâmetros do processo. (Linderman et al,2003)

3. otimização do processo:

A otimização dos processos é uma componente fundamental para a melhoria da produtividade da organização. (Lee-Mortimer, 2006). De acordo com Antony et al 2005, e Goh et al 2004, o Seis Sigma utiliza a metodologia (DMAIC) para resolver os problemas e melhorar o desempenho. O DMAIC inclui os cinco passos seguintes;

- Definição: a organização tem de definir o objetivo e a finalidade da filosofia lean. Definição clara dos valores do cliente. (Kwak et al, 2006)

- Medida: para determinar a variação no processo, identificando as medidas do processo. Os dados necessários devem ser recolhidos na fonte para determinar o problema e as métricas do sistema

- Análise: através da recolha de dados necessários e do mapeamento do processo, o estado atual deve ser analisado para encontrar a causa raiz da diferença e a possibilidade de melhoria (Hoerl, 2004)

- Melhorar: a melhoria do processo é necessária para o melhor desempenho da organização. Para a série de processos de produção, a identificação, a avaliação, a seleção e a implementação da decisão correta devem ser realizadas a partir da análise dos dados.

- Controlo: após a análise, os resultados devem ser avaliados e deve tentar-se eliminar a razão do problema e qualquer variação do projeto. (Wiklund etal, 2002)

Teoria das Restrições

Salvendy (2001) documenta que Goldratt desenvolveu a teoria das restrições. Este esforço pode ser visto como uma filosofia e metodologia de melhoria (Salvendy, 2001, p. 557). A teoria das restrições é utilizada para encontrar e eliminar estrangulamentos para aumentar a capacidade (McCarty et al., 2005, p. 152). O foco principal é que cada sistema tem pelo menos uma restrição (McCarty et al., 2005, p. 152).

Para o sucesso desta técnica, devem ser seguidas as seguintes etapas (Salvendy, 2001, p. 557):

1) Identificar a(s) restrição(ões) do sistema
2) Decidir como explorar a(s) restrição(ões) do sistema
3) Subordinar tudo o resto à decisão acima referida
4) Avaliar as restrições
5) Se a restrição tiver sido quebrada, volte ao passo 1

LEAN SIX-SIGMA

O que é Lean Six Sigma?

James Schutta descreveu o Lean Six Sigma como uma combinação do Lean, que elimina os desperdícios, e do Six Sigma, que reduz a variação. O objetivo é utilizar os conhecimentos dos trabalhadores com as ferramentas adequadas para conceber, melhorar e controlar os processos-chave do produto fabricado (Schutta, 2006, p. 1). Além disso, a gestão deve fornecer um processo de negócio que envolva planeamento e pensamento estratégico (Schutta, 2006, p. 2). Olhando para o Lean e o Seis Sigma separadamente, cada um dá prioridade a diferentes itens de desempenho organizacional, resultando em retornos decrescentes (Arnheiter, & Maleyeff, 2005, p. 8). No entanto, com a implementação do Lean e do Seis Sigma em conjunto, os retornos podem ser contínuos, como mostra a Figura 4 (Arnheiter, & Maleyeff, 2005, p. 8 e 11).

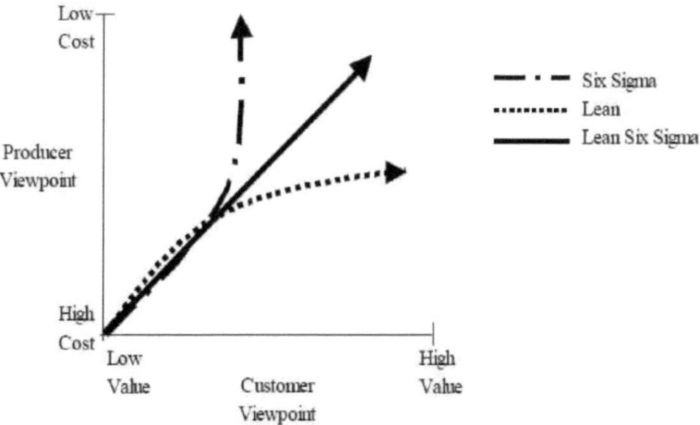

Figura N.º: 3.5 Seis Sigma e Lean

O Lean Six Sigma pode crescer com os pontos fortes do Lean e do Six Sigma que podem ser combinados para desenvolver uma sinergia, como se mostra no quadro

TabelaNo:3.1 LeanV/s SixSigma

Lean	Six Sigma
Establish a methodology for improvements	Policy deployment methodology
Focus on customer value stream	Customer requirements measurement, cross functional management
Use project-based implementation	Black-Belt project management skills
Understand current conditions	Knowledge discovery
Collect product and production data	Data collection and analysis tools
Document current layout and flow	Process mapping and flowcharting
Time the process	Data collection tools and techniques (SPC)
Calculate process capability and takt times	Data collection tools and techniques (SPC)
Create standard work combination sheets	Process control planning
Evaluate the options	Cause-and-effect FMEA
Plan new layouts	Team skills, project management
Test to confirm improvement	Statistical methods for valid comparison
Reduce cycle times, product defects, changeover time, equipment failures, etc.	Seven management tools, seven quality control rules, design of experiments

Os conceitos Lean que seriam utilizados são (Arnheiter & Maleyeff, 2005, p. 8):

1) Maximizar o conteúdo de valor acrescentado de todas as operações

2) Assegurar que os sistemas de incentivos resultam numa otimização global

3) Basear todas as decisões no impacto para o cliente

Os conceitos Seis Sigma que seriam utilizados são (Arnheiter & Maleyeff, 2005, p.8):

1) Colocar a tónica nas metodologias baseadas em dados em todas as decisões

2) Promover metodologias que minimizem a variação das caraterísticas da qualidade

3) Conceber e implementar um sistema de ensino e formação altamente normalizado em toda a empresa

Para que este conceito Lean Six Sigma seja bem sucedido, a empresa deve concentrar-se nos processos e nas áreas problemáticas que afectarão o plano estratégico e a visão de liderança da empresa (Schutta, 2006, p. 1).

3.1.8 Normalização dos trabalhos:

Para eliminar o desperdício, um princípio muito importante é a normalização do trabalhador. Normalizar o trabalho significa que cada trabalho é preparado e aprovado da forma mais eficaz. Na Toyota, todos os trabalhadores seguem sempre os mesmos passos de processamento, o que inclui o cálculo do tempo desde a matéria-prima até aos produtos acabados. O cálculo do tempo para cada processo e para cada trabalho é feito através da minimização ou eliminação do trabalho em curso indesejado. É utilizada uma ferramenta para padronizar o trabalho em tempo conhecido como "takt t". O tempo Takt (alemão para ritmo ou batida) mostra quantas vezes uma peça deve ser produzida numa família de produtos com base na procura real do cliente. Cálculo do tempo Takt

$$\text{Takt Time (TT)} = \frac{\text{available work time per day}}{\text{Customer demand per day}}$$

Womack et al, 2003, sublinharam o papel importante do sistema Lean no processo de desenvolvimento da organização. Muitos investigadores reconheceram e discutiram a importância do sistema Lean e a razão pela qual é adotado pela organização.

Para a sobrevivência da organização neste mercado competitivo, a qualidade e a satisfação do cliente são factores muito importantes. Por exemplo, Venkatesh et al (2007) salientaram que a utilização da TQM irá apoiar e ajudar a alcançar o sistema JIT através da minimização da diferença de processos. Por outro lado, a utilização do JIT melhora a qualidade do produto através da identificação dos problemas do processo e torna-o mais eficiente e resolvido através da execução do processo correto no momento certo para minimizar o desperdício. De acordo com Venktesh et al (2007), as organizações beneficiam da aplicação da combinação das ferramentas "lean" JIT, TQM, TQC e TMP em vez de utilizarem uma única ferramenta "lean". O rácio de sucesso da TQM depende da melhoria contínua. Qualquer organização que pretenda ser bem sucedida através da utilização da TQM deve também implementar o sistema Kaizen, porque o Kaizen fornece uma base sólida na qual a cultura TQM pode ser construída. Arnheiter et al 92005) salientaram que as organizações têm de tirar partido tanto da filosofia Six Sigma como da filosofia Lean, o que se designa por Lean Six Sigma (LSS), enquanto que a soma da aplicação bem sucedida das componentes será provavelmente muito inferior à aplicação bem sucedida do todo.

Por conseguinte, a filosofia Lean deve ser analisada como um quadro integrado e não como uma seleção de técnicas, ferramentas ou estado de espírito. A filosofia Lean é o estudo sistemático que ajuda a organização a atingir o seu objetivo e a melhorar a linha de produção e o desempenho através da eliminação de todos os desperdícios e actividades sem valor acrescentado.

Redução do prazo de entrega:

Vantagens da redução dos prazos de entrega

1 . como uma vantagem comercial:

The Toyota Production System, Beyond Large Scale Production (ProductivityPress, 1988), quando questionado sobre o que a Toyota estava a fazer, Ohno foi citado como tendo dito: "Tudo o que estamos a fazer é olhar para a linha do tempo, desde o momento em que o cliente nos dá uma encomenda até ao momento em que recolhemos o dinheiro. E estamos a reduzir essa linha de tempo eliminando os desperdícios sem valor acrescentado." Para Ohno, a redução do prazo de entrega é um método fundamental para melhorar o fluxo de caixa da empresa. Para além das suas vantagens no sistema de fabrico, tem claramente esta vantagem comercial.

2. como uma vantagem de fabrico

Duas caraterísticas-chave que poucas empresas medem de alguma forma, mas que todas as empresas desejam, são a flexibilidade e a capacidade de resposta. Andam de mãos dadas. Com uma, obtém-se também a outra. Não conheço nenhuma empresa que meça a flexibilidade ou a capacidade de resposta do fabrico e que a publique juntamente com as outras métricas da empresa, mas, apesar disso, é extremamente importante. Pergunte a qualquer planeador o que gostaria de ter mais e, a seguir às previsões exactas, está a capacidade de alterar rapidamente os planos e continuar a cumprir as datas de entrega.

Fica claro como o prazo de entrega e as melhorias do prazo de entrega se transformaram em vantagens comerciais com enormes ganhos. Há dois prazos de entrega que são de importância crítica e sobre os quais nos debruçaremos mais pormenorizadamente. São eles:

-Prazo de entrega da primeira peça, que é o tempo necessário para que a primeira peça seja concluída e esteja pronta para ser embalada. A principal vantagem de esta métrica ser curta é que, normalmente, a última inspeção de qualidade é feita imediatamente antes da embalagem e, por isso, este é o tempo de resposta necessário para confirmar que a qualidade é boa ou que é necessário alterar o processo.

-O lead time de expedição é o tempo necessário para completar toda a expedição. Este é, naturalmente, o principal indicador utilizado no planeamento. A tabela mostra os dados da Linha Bravo. Observe os factores de flexibilidade e capacidade de resposta obtidos com a redução dos prazos de entrega. Bem, digamos que o cliente liga e quer mudar o mix de modelos. No caso original, temos de dizer ao cliente que temos agora um lote na célula de produção, que demorará cerca de 6,2 dias a sair da linha e que, logo a seguir, podemos executar o seu pedido

Quadro n.º: 3.2 Cálculo do prazo de entrega (exemplo)

Time Impacts	1st Piece Lead Time, Cell 1	Shipment Lead Time
Original case	232 min (3.9 h)	149 h (6.2 days)
After lean improvements	6.5 min	28.4 h (1.2 days)

o que nos permitirá enviá-lo em 12,4 dias. Ora, qualquer planeador que dê valor à sua vida acrescentará um pouco de gordura a este valor, porque, se bem se lembram, esta linha nem sempre funcionou como previsto. Assim, o planeador prometerá algo como 15 dias e provavelmente não dormirá bem até que o carregamento parta.

Por outro lado, com o processo Leaned-out, ele diz-lhes que vai demorar 2,4 dias e, uma vez que, na maior parte das vezes, o processo decorre dentro do prazo, ele não só lhes diz que vamos enviar em três dias, como também lhes transmite essa mensagem com confiança. Mas a vida nem sempre é assim. Os problemas podem surgir no melhor dos sistemas. No caso de um prazo de entrega curto, se a produção atual se atrasar, atrasando assim o pedido do novo cliente, esse facto é conhecido num dia, o que permite tomar algumas medidas preventivas. No caso de um prazo longo, o problema pode demorar uma semana a surgir. Este é mais um tipo de flexibilidade inerente a um sistema de produção com um prazo de entrega curto: a capacidade de responder a anomalias mais rapidamente.

Redução do tamanho do lote

Para uma aplicação eficaz das ferramentas Lean e para obter mais benefícios das mesmas, é necessário reduzir a dimensão dos lotes de produção. Ao fazê-lo, a redução do trabalho em curso (WIP) reduz automaticamente o inventário.

Os lotes de pequena dimensão, que têm um ciclo de produção curto, requerem menos tempo de arranque. Por outro lado, os lotes de grandes dimensões requerem um prazo de execução longo e mais tempo de ciclo para converter a matéria-prima em produtos acabados. Também requerem mais tempo de preparação, colocando pressão sobre o trabalhador, que é a principal causa de erro durante o tempo de preparação. A produção de pequenos lotes reduz o retrabalho e a rejeição.

Conceção para fabrico e montagem

Trata-se de um conceito-chave do Lean, tal como descrito na Lean Toolbox (Bicheno, 2000, p. 50). A conceção dos componentes e a interface dos componentes entre si estão incluídas no custo. Os principais factores são: 1) o número de peças, 2) o número de tipos de peças e 3) o número de interfaces nas peças (Bicheno, 2000, p. 51). O fabrico do produto divide-se em quatro actividades. A primeira atividade identifica a forma como os componentes são fabricados. A segunda atividade determina o processo utilizado para fabricar os componentes. A terceira atividade estabelece os materiais utilizados para fabricar os componentes. E a quarta atividade especifica as ferramentas utilizadas para fabricar os componentes, o que está incluído no custo do produto.

3.1.9 Sistema Kanban

Kanban significa quadro de avisos. Um kanban pode ser uma variedade de coisas, mais comummente é um cartão, mas por vezes é um carrinho, enquanto outras vezes é apenas um espaço marcado. Em todos os casos, o seu objetivo é facilitar o fluxo, fazer com que o produto seja puxado e limitar o inventário. É uma das ferramentas-chave na luta para reduzir a sobreprodução. O Kanban fornece dois serviços principais para as instalações Lean. Ele serve como sistema de comunicação

O Kanban é uma ferramenta lean muito importante que informa quando uma encomenda é substituída pelo posto de trabalho seguinte. A partir da ferramenta Kanban, a organização sabe exatamente para onde deve ser enviado o material ou a encomenda. É um sistema baseado no tempo, pelo que também indica a quantidade de material efetivamente necessária num determinado momento e, por esta razão, o Kanban é visto como um método para manter um fluxo ordenado de material dentro e mesmo fora da organização (klpatrick,2002)

O Kanban também funciona como uma ferramenta para eliminar a sobreprodução, uma vez que indica quando começar a produzir ou começar a mover o material entre dois postos de trabalho, de acordo com a informação dada pelo cliente. O Kanban tem as seguintes funções principais

- Reduzir os custos eliminando os desperdícios através da regularização e do equilíbrio do fluxo de material
- De acordo com a mudança da procura do cliente, cria-se um ambiente de trabalho para a organização que ajuda a atingir o objetivo da organização.
- Ajuda os métodos para alcançar e assegurar o controlo da qualidade.
- Ajuda o trabalhador a atingir o seu potencial máximo.

De acordo com Aza Bedurdeen 2009, existem dois tipos de Kanban. O primeiro é o Kanban de retirada e o segundo é o Kanban de produção. O Kanban de retirada envia ordens de trabalho de movimentos de peças entre fases. Um Kanban de retirada especifica as seguintes informações, tais como

- Nome da parte, dimensão do lote e número do lote
- Processo de enraizamento
- Nome e localização do processo seguinte

- Nome e localização do processo anterior
- Tipos e capacidade do contentor
- Número de contentores libertados.

O Kanban de produção tem a função de efetuar a encomenda à fase anterior para construir o tamanho do lote indicado no cartão. Contém informações como o material necessário, as peças necessárias na fase anterior e também todas as informações sobre o Kanban de retirada. Devido à importância atribuída ao Kanban no local de trabalho, foram estabelecidas condições prévias para orientar a implementação do sistema Kanban. Estas condições prévias são as seguintes

- Não há retirada de peça sem Kanban
- O processo sucessivo só retira o que é necessário
- Não enviar qualquer peça defeituosa para o processo subsequente
- O processo anterior deve produzir apenas a quantidade exacta retirada pelo processo posterior.
- Express Kanban - é utilizado quando há falta de peças e estas precisam de ser substituídas para continuar a produção.
- Kanban de emergência: aplica-se em caso de avaria da máquina ou de alteração da produção
- Através do Kanban: quando duas estações estão próximas uma da outra e podem utilizar um único sistema Kanban em vez de um sistema separado.

O Kanban é visto como um simples cartão, normalmente colocado numa posição bem selecionada, onde toda a informação pode ser lida sempre que for necessária para a pessoa da organização.

Tipos de Kanban

O Kanban permite dois tipos de comunicação. Em ambos os casos, indica a origem, o destino, o número da peça e a quantidade necessária.

Quadro n.º: 3.3 Regras e funções Kanban

Rule No.	Rule	Function
1	Later process goes to earlier process and picks up the number of items indicated by the *kanban*	Creates pull, provides pick up or transportation information. The replenishment concept is formed here
2	Earlier processes produces items in a quantity and sequence indicated by the *kanban*	Provides production information and prevents overproduction
3	No items are made or transported without a *kanban*	Prevents overproduction and excessive transportation
4	Always attach a *kanban* to the goods	Serves as a work order
5	Defective products are not sent to the subsequent process	Prevents defective parts from advancing; identifies defective process
6	Reducing the number of *kanban* increases their sensitivity	Inventory reduction reduces waste and makes the system more sensitive

Circulação Kanban

O sistema kanban é muito flexível e podem ser utilizados muitos tipos de kanban. Da mesma forma, desde que sigam as regras básicas do Kanban, podem ser utilizados numa grande variedade de formas, mas a maioria dos Kanbans segue um padrão. Acompanhemos a circulação de um Kanban (ver Cap. 7, Apêndice 5, que mostra o modelo de Kanban). 5, que mostra o fluxo kanban no Mapa de Fluxo de Valor da QED Motors). Como o pensamento Lean geralmente funciona melhor se começarmos pelo cliente e trabalharmos de trás para frente, vamos fazer exatamente isso.

Uma vez que a regra 3 diz que o produto tem Kanban associado. Quando o cliente chega

para o seu levantamento, os Kanban são retirados e colocados num posto Kanban. A partir daqui, o

Os Kanbans são recolhidos, normalmente por um manipulador de materiais, e transportados para o Planeamento ou, idealmente, vão diretamente para a caixa heijunka em frente da linha de produção. Se forem para o Planeamento, geralmente pouco fazem com os Kanban, mas gostam de se manter informados. Do Planejamento, os Kanbans são enviados para a frente da linha de produção, de acordo com as informações neles contidas. Os Kanban são então colocados na caixa heijunka, uma ferramenta de nivelamento de carga. A partir daí, os trabalhadores da produção retiram os Kanban da caixa por ordem sequencial e o processo produz o produto na quantidade indicada no Kanban. O Kanban acaba de servir de ordem de produção e é infinitamente superior a qualquer sistema do tipo MRP para acionar a produção. O trabalhador anexa então o kanban aos produtos fabricados e estes são colocados no local designado, prontos para serem recolhidos. Na sua circulação normal, o encarregado de materiais recolhe os produtos, com o Kanban anexado.

O Kanban indica-lhe exatamente onde entregar os produtos - normalmente é o armazém, o que completa o ciclo. Os Kanban deslocaram-se uma grande distância e consumiram tempo:

1. Transporte para o planeamento e tempo dedicado ao mesmo
2. Tempo de transporte e de espera na fila de espera, a caixa heijunka
3. Tempo passado na linha de produção
4. Tempo utilizado para entregar os produtos acabados

A soma destes quatro tempos é o tempo de reabastecimento.

5. 1.10 Troca de cunho num minuto (SMED)

O Single minute exchange for die (SMED) é uma técnica utilizada para reduzir o tempo de preparação através da utilização de tecnologia moderna. Para a normalização e simplificação do processo de organização da produção, reduz-se o tempo de preparação da máquina. O SMED torna a linha de produção muito flexível, mudando facilmente de um produto para outro. O planeamento e a coordenação adequados de todos os processos reduzem facilmente o tempo de preparação, que é o principal objetivo do SMED. Na organização, todas as complicações associadas à mudança de produção são eliminadas e, por conseguinte, a utilização do SMED facilita a mudança de produção.

A SMED difere de organização para organização em função da natureza básica da organização e do produto da organização. O SMED exige o planeamento estratégico, a escolha da maquinaria certa, a disposição correta, pessoas bem formadas e a melhor mentalidade das pessoas. Algumas técnicas úteis que podem ser utilizadas na implementação do SMED são a análise e o mapeamento de processos, o quadro de sombra, a normalização de ferramentas e tarefas, a utilização da automatização e do feedback, a utilização eficiente dos recursos humanos e a utilização correta das competências dos trabalhadores.

O principal objetivo da redução do tempo de mudança de produção significa que não é necessário aumentar a produção, mas sim permitir uma mudança de produção mais frequente, a fim de aumentar a flexibilidade da produção e permitir tamanhos de lote mais pequenos (Kilpatrick,2003)

> SMED/OTS significa Single Minute Exchange of Dies and One TouchSetups (Troca de Matrizes num Minuto e Configurações num Toque). A tecnologia SMED é uma ciência desenvolvida por Shigeo Shingo e foi concebida para reduzir os tempos de mudança de ferramentas. O problema é simples. Qualquer máquina que tenha tempos de mudança longos tem de ter uma capacidade excedentária para compensar o tempo de paragem da mudança; além disso, para alimentar o resto do processo a jusante durante a mudança, tem de ser armazenado um lote grande. Qualquer esforço no sentido de reduzir os tempos de mudança de produção reduz igualmente estas duas formas de desperdício: o excesso de capitalização e a sobreprodução. ("Minuto único" significa um número de minutos de um só dígito, inferior a 10.) Na realidade, o objetivo é reduzir o mais possível o tempo de transição. Nalguns casos mais refinados, a mudança é feita através de várias instalações na mesma máquina básica e, com um simples toque num interrutor, a mudança é efectuada. É o que se designa por One Touch Setups (OTS), ou seja, elementos básicos do JIT. Estes podem ser os três

grandes sistemas, mas o JIT raramente é prático sem alguma aplicação da tecnologia SEMED. Trata-se de uma técnica importante de destruição de lotes. O procedimento básico doSMED é simples, é um processo em três fases:

1. separar a configuração interna da externa

2. converter a configuração interna em configuração externa

3. simplificar todos os aspectos da operação de configuração

Quando uma aplicação SMED é empreendida pela primeira vez, descobrimos que a melhor ferramenta é o simples diagrama de Gantt, mostrando todos os passos da mudança. Reúna as pessoas com conhecimento sobre a mudança e, em seguida, liste todas as etapas da mudança. Categorize-os como configuração interna, configuração externa ou interna, mas pode ser externa; liste também as condições para que a configuração seja externa.

Este é o ponto de partida básico. A partir daqui, eliminamos quaisquer passos desnecessários e simplificamos quaisquer passos. De seguida, convertemos o máximo de configuração interna em configuração externa para que possa ser feita com a máquina a funcionar. Com apenas o trabalho interno restante, a técnica é geralmente criar o maior número possível de caminhos paralelos. Neste ponto, podemos envolver-nos com gabaritos intermédios e de suporte, ajustes automáticos e um enorme volume de abordagens imaginativas para encurtar o tempo de mudança.

SMED e poka-yokes são duas das técnicas Lean que são verdadeiramente para os imaginativos. Esta combinação é um poderoso conjunto de ferramentas a utilizar para reduzir os prazos de entrega e utilizar mais eficazmente o nosso equipamento de processamento.

Tem-se falado muito em fazer um vídeo de uma mudança. Apoiamo-lo e consideramo-lo útil, mas geralmente é melhor fazê-lo depois de aplicar as técnicas SMED, pelo menos uma vez. A razão é a seguinte: Quando aplicamos o SMED, todo o processo muda, por isso não vale muito a pena ver o processo antigo. Obteremos algumas pequenas ideias de melhoria, mas a maioria das ideias vem do desenvolvimento do gráfico de Gantt referido anteriormente. No entanto, há uma grande vantagem em fazer um vídeo: Ver a técnica antiga é normalmente humilhante, se não for mesmo engraçado, e sentir um pouco de humildade, bem como uma boa gargalhada, são ambos bons para a alma.

6. 1.11DESDOBRAMENTO DA FUNÇÃO QUALIDADE

Os produtos de qualidade já não são uma opção, são uma necessidade e são esperados pelos clientes, pelo que os produtos de qualidade são muito importantes para os fabricantes. O objetivo é identificar as necessidades dos clientes, que são confrontadas com as caraterísticas do produto para identificar as caraterísticas mais importantes (Bicheno, 2000, p. 57). Estas caraterísticas devem ser desenvolvidas. Não esquecer que o cliente é a razão para fabricar o produto, devido a uma necessidade.

Em termos leigos, a Função e Implementação da Qualidade (QFD) implementa a qualidade em todos os seus aspectos. O QFD é um fórum para o Marketing, a Conceção, a Engenharia, o Fabrico, a Distribuição e outros trabalharem em conjunto (Bicheno, 2000, p. 57). No final, isto cria um produto de qualidade em todos os aspectos.

3. 2FABRICO DISCRETO VS. FABRICO CONTÍNUO CONTÍNUO

SISTEMAS DE FABRICO.

Os sistemas de fabrico são classificados em duas classes principais;

O fabrico discreto refere-se ao fabrico de produtos como um motor, um automóvel, um eixo de transmissão, uma máquina de café ou uma máquina de lavar roupa. Por outro lado, o fabrico contínuo inclui o fabrico de produtos que são medidos ou medidos em vez de serem contados, como a dor, o aço, os têxteis, os planos, o vidro, o petróleo (Needy e Bidana, 2001).

Na indústria transformadora, existem três classificações gerais de planos de produção: produção por tarefa, produção por lotes e produção em massa. A produção por tarefa tem ainda duas disposições de produção diferentes. A primeira é a disposição do tipo processo. Neste tipo, os recursos, incluindo as máquinas e os recursos humanos, estão dispostos na função. Este tipo de disposição tem os mesmos tipos de máquinas e operadores especializados num determinado tipo de máquina. O segundo tipo de disposição é a disposição em local fixo ou em projeto. Este tipo de disposição requer trabalhadores polivalentes para construir o produto de acordo com os requisitos do cliente.

No sistema de produção por lotes, é produzido um volume médio e uma variedade média de produtos. Os gabaritos e dispositivos especialmente concebidos são utilizados com a maquinaria de uso geral para obter a produção em lotes. O exemplo inclui o mobiliário, o equipamento eletrónico e as aplicações domésticas. Normalmente, a produção por lotes está associada ao fabrico de produtos discretos, no entanto, pode estar ligada à indústria de processamento, onde alguns produtos químicos são produzidos em lotes (Groover, 1980)

O terceiro tipo de sistema de produção é a produção em massa. Quando as exigências de grande volume e baixa variedade de produtos são satisfeitas, as indústrias de massa optam pelo sistema de produção em massa, que requer máquinas muito expansivas e especiais para satisfazer as taxas de procura de produção. Na produção em quantidade, são desenvolvidas máquinas padrão, como a máquina de moldagem por injeção ou a prensa de punção, para a produção de produtos com elevada taxa de procura. O segundo tipo de produção em massa é a produção em fluxo. Mais uma vez, esta produção divide-se em dois tipos. O primeiro é a linha de fluxo do tipo produto. Neste caso, as peças deslocam-se através de uma sequência de máquinas ligadas e ininterruptas. Cada linha está organizada de forma a que apenas um produto possa ser produzido. O processo é repetitivo. Exemplo: capacetes de segurança em plástico. (Needy etal, 2001)

3.2.1APLICAÇÃO DO LEAN NA INDÚSTRIA DISCRETA

O conceito "Lean" espalhou-se por todo o mundo depois de ter sido introduzido pelo automóvel Toyota como um sistema de produção Toyota. O grande sucesso da Toyota na implementação de um sistema de produção "lean" levou muitas das indústrias automóveis do mundo a tentar implementar esta nova ideia de "Lean" nas suas próprias empresas. Nesta época, a implementação do sistema "Lean" foi vista em quase todas as indústrias automóveis do Japão, Europa e América do Norte. Na indústria automóvel, a maior parte do mundo está envolvida na construção de um automóvel. Estas peças individuais são primeiro montadas na fábrica de componentes e, em seguida, a montagem final destas4 peças é efectuada na fábrica de montagem (Womack et al, 1990).

O êxito do sistema de produção da Toyotas abriu caminho para que muitas empresas do sector da produção discreta se tornassem "lean", a fim de reduzir os custos através da eliminação dos resíduos e da melhoria contínua. O conceito de produção enxuta está agora a tornar-se universal e amplamente utilizado na linha de montagem. Por exemplo, nas indústrias automóvel, eletrónica e cerâmica (Dimancescu et al, 1997). O maior número de empresas de montagem está a optar pela filosofia "lean" devido ao grande sucesso da implementação da ferramenta "lean" neste tipo de indústrias. Outras áreas que implementaram a filosofia "lean" na Europa incluem motociclos e scooters, vestuário, construção de bombas de vácuo, sistemas de ar condicionado para automóveis (Panizzolo, 1998)

No estudo efectuado pela i9ndustry week em 2001, foi realizado um inquérito sobre a adoção de ferramentas e técnicas de produção optimizada. O estudo inclui 313 entrevistas e 2511 respostas ao inquérito por correio (strozniak 2001). O resultado do inquérito revela que 32% dos fabricantes recorrem à manutenção preventiva, em comparação com 28% em 2000 e 20% em 1999. Além disso, 23% dos fabricantes utilizam o funcionamento em fluxo contínuo, contra 21% em 2000 e 18% em 1999, e 19% das organizações adoptaram o fabrico celular, contra 17% em 2001. Menos de 20% dos fabricantes adoptaram outras ferramentas lean, como a redução da dimensão dos lotes, a eliminação de estrangulamentos e o SMED (Stroznik, 2001).

3.2.2 INDÚSTRIAS DE PROCESSOS CONTÍNUOS E LEAN

Na indústria automóvel, a implementação da filosofia "lean" tornou-se muito bem sucedida, especialmente no processo do tipo linha de montagem. Atualmente, o desafio consiste em adotar a filosofia "lean" em indústrias de processo contínuo, de grande volume e baixa variedade de produtos e com processos inflexíveis. O gestor tem de ser muito lento a adotar a ideia da filosofia "lean" neste tipo de indústrias. O principal receio devido à inflexibilidade do processo é o facto de ser muito difícil reduzir o tamanho dos lotes. Por exemplo, nas indústrias de processos contínuos, o tempo de preparação da maquinaria é muito longo e é dispendioso encerrar o processo para efetuar uma mudança. Sandras (1992) afirma que as diferenças que são caraterísticas da indústria de transformação, do ponto de vista do JIT, devem ser distinguidas das que são conhecidas nas indústrias discretas.

> As indústrias de processo têm a ideia de produzir um material em vez de produzir um artigo como nas indústrias de fabrico discreto. A paragem de um processo é o maior desafio para as indústrias de processo e, de acordo com o conceito de produção optimizada, pode ser aplicado àquelas em que são produzidas peças discretas. Eliminar os resíduos das indústrias discretas e aplicá-los às restrições. Estas são comuns às

indústrias de processo. Depois de reduzir essas restrições, resta-nos a questão caraterística e difícil de cada indústria.

Um dos principais instrumentos amplamente utilizados nas indústrias é o JIT. Nas indústrias, o JIT foi utilizado para resolver o problema do trabalho em curso, do inventário e do retrabalho no processo. Nas indústrias de processo, o princípio JIT pode centrar-se mais nas actividades não produtivas, como o manuseamento de materiais, a distribuição e o armazenamento, para reduzir o inventário e o tempo de espera.

3. 3MAPEAMENTO DO FLUXO DE VALORES.

O mapeamento do fluxo de valor (VSM) é um método utilizado para a melhoria dos processos empresariais e dos produtos, que teve origem no desenvolvimento da filosofia empresarial lean. O VSM é o conjunto de todas as actividades de valor acrescentado que produzem o produto necessário para satisfazer as necessidades do cliente. Um VSM mostra o fluxo de materiais e informações sobre o processo.

Na filosofia Lean, o "valor" é determinado pelo cliente final. Significa identificar o que o cliente está disposto a pagar, o que criou valor para ele. O desenvolvimento do produto e o processo que foi realizado no produto devem ser examinados e optimizados de acordo com as exigências do cliente. A prioridade dada à voz do cliente em todas as fases do desenvolvimento do produto. Assim, uma vez definido o "valor", podemos descobrir o fluxo de valor. Sendo todas as actividades, há algumas actividades que acrescentam valor, enquanto outras não acrescentam qualquer valor ao processo ou ao cliente. Ambas as actividades são necessárias para converter a matéria-prima em produto útil. Em todo o processo, é necessário eliminar as etapas de desperdício e introduzir o fluxo no restante processo de valor acrescentado. O conceito de fluxo consiste em fabricar peças idealmente uma peça de cada vez, desde a matéria-prima até aos produtos acabados, e movê-las uma a uma para o posto de trabalho seguinte sem tempo de espera entre dois postos de trabalho. A engenharia moderna está a dar uma atenção especial ao processo de engenharia de centros comerciais, como a conceção, o fabrico, o fornecimento e o serviço ao cliente final. As condições habituais de instabilidade do mercado levam as indústrias a aplicar os vários instrumentos Lean para fazer face à concorrência global, à evolução da procura dos clientes, à pressão sobre o tempo de chegada ao mercado, etc.. Assim, a indústria seleciona o VSM como uma alternativa variável para melhorar a sua vantagem competitiva.

Para combater a situação acima descrita, os fabricantes indianos têm todos de implementar o sistema de fabrico enxuto em grande escala para se juntarem aos utilizadores globais. O principal objetivo desta investigação é reduzir o tempo de ciclo e eliminar instalações indesejadas e sugerir melhorias na perspetiva da produção enxuta. O VSM é a ferramenta a utilizar para o desenvolvimento de processos empresariais e de produtos.

O Poka-yoke (Error proofing) é uma abordagem estruturada para garantir a qualidade e um ambiente de fabrico sem erros. A prova de erros garante que o defeito nunca passará para a operação seguinte. Poka-yoke significa prova total, trata-se de garantir que o erro não acontece. A prova de erros é uma técnica de fabrico destinada a evitar erros através da conceção do processo de fabrico, do equipamento e das ferramentas. Assim, as operações não podem ser executadas incorretamente

3.4Elementos da implementação do Lean Manufacturing.

A maior parte das implementações de produção optimizada (LMI), como testemunha Liker (2004), são superficiais, centrando-se fortemente em ferramentas TPS como 5S, Kanban, fluxo e just in time, sem que as empresas compreendam todo o sistema e o contexto circundante necessário.

Tabela No:3.4 Elementos da implementação do Lean Manufacturing.

Phase	Preparation	Design	Implementation
1	Gap Assessment	Mapping the value streams	Starting with a pilot project
2	Understanding wastes	Analyzing the business for improvement opportunity	Starting the next implementation project
3	Establishing objectives	Identifying indicators to measure performance	Evaluating the sustaining changes
4	getting the organizational structure right	Creating a feedback mechanism	Changing the material supply chin system and philosophy
5	Finding a change agent		Selling benefits of lean thinking
6	Creating an implementation team		Pursuing perfection
7	Training given to the staff		Expanding the scope
8	Identifying supplier and customer involved		
9	Recognizing the need for change		
LMI 3 phases and 21 steps (Anavari, Norzima,Roshnah,Hojjati & Ismail,2010)			

Por não compreenderem o sistema, os norte-americanos dão-se ao luxo de trabalhar ao nível do processo, aplicando as ferramentas. Infelizmente, muitos livros sobre o lean manufacturing reforçam o equívoco de que o TPS é o conjunto de ferramentas que conduz a operações mais eficientes. Quando analisado de forma mais ampla, o TPS consiste em aplicar os princípios da Toyota (Liker, 2004), realizando um estudo comparativo da LMI. Anvaria et al. (2010) indica que existem 3 fases e 21 passos para a LMI. As 3 fases são: fase 1, preparação, fase 2, conceção, fase 3, implementação

Cada organização que embarca na jornada de LMN e LMI é única e cada uma requer uma abordagem única e apropriada. Reconhecendo este facto, Anvari et al (2010) sugerem que a LMN não começa com a aplicação de ferramentas LMN ou TPS, mas que a jornada deve começar com o pensamento lean. A síntese do processo de cinco etapas da LMN como pensamento enxuto é observada para ser integrada em três fases da LMI.

Como se pode prever, o trabalho de enquadramento fornecido no quadro é sucinto e mecanicista, fornecendo 21 passos detalhados sobre o que fazer sem incluir pormenores. No entanto, é facilmente observável que o quadro não chama a atenção para vários elementos-chave que se encontram no princípio da Toyota e que são fundamentais para a forma como a Toyota conduz as suas actividades, nomeadamente a importância das pessoas, da liderança, da resolução de problemas e do ciclo planear-fazer-verificar-agir (PDCA). É típico da LMI centrar-se no que fazer, com menos preocupação com o porquê e como a ação é realizada.

Muitas vezes, o insucesso das LMI é atribuído ao facto de não se ter aderido ao princípio lean ao nível mais baixo da organização. Mann, 2009, salienta que as ferramentas Lean estão normalmente associadas ao nível departamental, onde o trabalho ao nível das tarefas é efectuado. Mais uma vez, mostrando a forte associação entre a utilização de ferramentas e o cumprimento da LMI.

Este elo em falta é o conjunto de comportamentos de liderança e estruturados que constituem o sistema de gestão lean. A gestão lean preenche uma lacuna crítica, uma lacuna entre as ferramentas lean e o pensamento lean. A gestão lean sistemática separa os incentivos lean que começam bem, mas vacilam, daqueles que sustentam os ganhos iniciais e proporcionam melhorias adicionais. Os líderes seniores desempenham um papel central na gestão lean. A sua contribuição é essencial para

- desenvolver e implementar estruturas e processos que respondam às dificuldades de uma iniciativa "lean" que ultrapasse as fronteiras internas.
- transformar os compromissos de mudança em mudanças efectivas, apoiando e sustentando novos comportamentos e práticas.
- aumentar as probabilidades de as melhorias do processo sobreviverem à transição do modo de projeto para o processo contínuo
- estabelecer e orientar novos processos
- criar condições para o desenvolvimento de uma cultura lean sustentável de melhoria contínua (Mann, 2009)

Quando se considera a razão para o insucesso das LMI, verifica-se que existe um mal-entendido fundamental sobre o TPS nas indústrias, na medida em que a solução lean é considerada como o processo para se tornar lean, sem dar a devida atenção ao pensamento filosófico. A essência da LMI é a mudança de uma organização para uma filosofia operacional com o compromisso de melhoria contínua. Por definição, a melhoria contínua requer um processo de mudança contínua. Os esforços de mudança organizacional são sempre confrontados com alguma forma de resistência humana, uma vez que as pessoas afectadas pela mudança experimentam perturbações emocionais, incerteza e stress. Existem quatro passos para que os gestores possam melhorar a sua capacidade de lidar com sucesso com a resistência e manter a mudança organizacional.

1) realizar uma análise organizacional da situação atual para determinar os elementos que envolvem a necessidade de mudança

2) analisar os factos relevantes para a realização da mudança.

3) selecionar uma estratégia de mudança com base na análise anterior

4) acompanhar a execução e responder às situações que surjam de forma atempada e inteligente.

Estes quatro passos podem ser vagamente identificados no âmbito do processo LMI 3pheses criado por Anvari, que identificou 8 erros comuns que têm um impacto devastador no sucesso da transformação. Anvari apresenta um processo de 8 passos para que o líder siga a probabilidade de uma transformação sustentada. Assim, a liderança parece ser fundamentalmente importante para a LMI inicial e para o período subsequente de melhoria contínua sustentada, embora o entendimento comum da LM tenha essencialmente retirado o papel da liderança dos elementos da LM e da LMI (mann,2009, roth,2006)

3.4.1 O que é uma "implementação eficaz do Lean Manufacturing"?

Para esta tese, eficaz é considerado sinónimo de implementação bem sucedida. Associado ao conceito de eficácia da IMP está o termo leanness que muitos autores utilizam como medida do grau em que as empresas se tornaram organizações lean. Considera-se que o conceito de leanness fornece uma evolução objetiva da eficácia da IMP, com um grau mais elevado de eficácia leanness.

As dificuldades em definir o LM, bem como os elementos do LM, resultam em dificuldades na definição de um LMI eficaz (Papadopoulou & 0zbayrak, 2005). O fabrico enxuto define a luta da organização. O conceito subjacente à implementação da filosofia Lean e a procura da ferramenta Lean adequada é o objetivo da organização. As empresas continuam a evoluir a partir da evolução contínua do LM, desenvolvendo um objetivo móvel.

O Leanness deve ser considerado para além da visão estreita da utilização de um conjunto de ferramentas, abordagens e práticas; em vez disso, o Leanness deve ser considerado de uma forma holística que ultrapasse os limites operacionais em todos os aspectos da organização, incluindo a gestão da empresa.

A eficácia deve ser mensurável através das quantidades e os resultados devem estar associados à mudança real efectuada no sentido da eficácia e do desempenho. São dez as variáveis utilizadas para identificar a eficácia:

1 . os elementos dos resíduos

2 . melhoria contínua

3 .zero defeitos

4 . entregas just-in-time (JIT)

5 . extração de material

6 . Equipa multifuncional

1.1Interacção de funções

8. sistema de informação vertical

9. compromissos de gestão para com a gestão multilateral

10. descentralização

Resultados positivos para a medição da leanness da organização envolvida e correção positiva das mudanças lean feitas com as medidas de desempenho. a implementação lean bem sucedida muda sempre a cultura da organização e a estrutura básica da organização. (Roth, 2006; Mann, 2009). Apenas o compromisso a longo prazo induziu a implementação efectiva do lean manufacturing. O LMI não está a ser atingido pelo objetivo possível a curto prazo. (Liker & Franz,2011). As organizações com a filosofia Lean também lideram as outras indústrias do mesmo sector e ajudam os seus clientes e fornecedores a melhorar. (Roth,2006)

3.5 BARREIRAS À IMPLEMENTAÇÃO DO LEAN.

Muitas organizações falharam na tentativa de adotar a filosofia lean devido a diferentes razões. Estas razões são conhecidas como barreiras. Estas barreiras são um obstáculo à implementação da filosofia lean na organização, pelo que é necessário identificar este tipo de barreiras na organização e removê-las o mais rapidamente possível para que a implementação do sistema lean manufacturing na organização seja bem sucedida. Estas barreiras são diferentes de indústria para indústria com base nas metas e objectivos da indústria e também dependem do tipo de organização. (Swamidess, 2000) agrupou estas barreiras em quatro categorias, que são as seguintes

I. Barreiras tecnológicas.

A inovação da tecnologia tem um impacto positivo e negativo no processo de fabrico das organizações. A tecnologia abrange todos os aspectos, como a conceção da produção, a programação do produto e as medições com a qualidade exigida. Com a ajuda da tecnologia é muito mais fácil encontrar os defeitos na linha de fabrico de forma instantânea para que possamos minimizar os desperdícios de defeitos da linha de fabrico. Algumas organizações têm o ambiente de trabalho típico e não estão preparadas para adotar a nova cultura com a nova tecnologia, pelo que esse tipo de organização não se está a tornar uma organização Lean, porque Lean significa melhoria contínua.

A tecnologia ajuda sempre o sector da produção a reduzir os defeitos, bem como a reduzir o tempo de produção e o tempo de preparação. Por exemplo, anteriormente, com a máquina de torno convencional, produzimos um componente e, atualmente, o mesmo componente é fabricado com a ajuda de uma máquina CNC. A organização constata definitivamente que a precisão do componente fabricado pela máquina CNC é mais precisa do que a da máquina de torno convencional. Além disso, o tempo de preparação para a produção global é muito menor do que a maquinagem convencional.

A tecnologia actualizada ajuda as indústrias a preencher a lacuna entre a situação atual e a situação desejada pela organização. Por outro lado, as tecnologias tradicionais e antigas podem obstruir o processo de implementação do Lean.

2. obstáculos financeiros.

A capacidade financeira tem o papel principal no processo de implementação do Lean na organização. Para a implementação da filosofia "lean", a organização efectua muitas despesas, como a contratação de agentes de mudança e a formação das pessoas. A aplicação da filosofia lean requer recursos financeiros e a empresa tem recursos financeiros limitados. A empresa tem recursos financeiros limitados. Esta visão dos recursos é que o processo de mudança é a perda indesejada de recursos. Por vezes, as organizações querem mudar do sistema de produção tradicional para um novo sistema atualizado, mas, para esta mudança, é necessário muito dinheiro, o que não é acessível para a organização, pelo que, apesar de ter um bom objetivo e finalidade, devido à condição financeira, a organização não muda para a nova tecnologia actualizada e não se torna a organização lean, eliminando os desperdícios do sistema de produção tradicional.

A implementação Lean resulta na redução do WIP e dos inventários e também aumenta o fluxo de materiais dentro do processo. As medidas financeiras tradicionais destacam os planos de sub-otimização que visam melhorar uma determinada parte ou atividade do fluxo de valor em detrimento de todo o sistema. As medidas financeiras tradicionais são insuficientes:

- Não estão a pensar em melhorar todo o sistema ou sistema integrado, mas sim em determinadas áreas ou actividades em separado.
- Fornecem informações e dados pouco práticos (Maskell et al, 2007, Bititci, 2004)

3. barreiras externas

Os factores externos podem afetar e influenciar qualquer processo de conversão lean. Por vezes, uma comunicação insuficiente entre a organização e os seus fornecedores impede o processo de mudança. De acordo com Commet al (2000), a incompreensão do valor do cliente é considerada um dos principais factores que podem impedir o processo de implementação da abordagem "lean". A legislação fiscal, a concorrência instantânea, os acordos comerciais e o ambiente político e económico têm uma influência direta no processo de mudança. Por exemplo, a recente recessão económica mundial faz com que o mercado desça, o que tem um impacto negativo em qualquer processo de melhoria (Murray, 2009)

4. barreiras internas.

Lean não é um conjunto de ferramentas para reduzir o inventário, eliminar o desperdício e aumentar a produtividade. (Narang,2008 Brown et al,2006) Lean tem a ver com recursos humanos, gestão e cultura. Lean é uma filosofia bem cultural. O papel dinâmico do empenhamento dos gestores e dos líderes é fundamental para o sucesso da filosofia Lean na indústria. O percurso da filosofia "lean" começa com a compreensão do princípio "lean" e a procura da ferramenta "lean" para as indústrias específicas com as técnicas corretas na sequência adequada. Qualquer mal-entendido relacionado com o princípio lean provoca o fracasso da implementação lean. As barreiras internas dividem-se ainda em três partes.

A. Fator humano:

O ser humano não gosta da mudança. O ser humano tem tendência para resistir à mudança, porque não quer sair do seu nível de conforto. As pessoas estão muito confortáveis com o processo atual e com os ambientes de trabalho actuais, pelo que têm um sentimento negativo em relação ao desenvolvimento da abordagem "lean". Devido à falta de comunicação e a concepções erradas sobre o Lean, as pessoas tentam evitar o Lean. Não estão conscientes do verdadeiro objetivo do sistema "lean". Qualquer atitude de não-cooperação e de falta de apoio pode facilmente obstruir a aplicação do método "lean" (Kessler 2006 e Baker 2002)

B. Fator cultural:

Existem inúmeras definições de cultura organizacional. A cultura pode ser definida como os comportamentos, atitudes e crenças que existem no seio da organização. Quando combinamos os processos, o sistema, o objetivo e a finalidade, torna-se uma organização qualquer. A partir da informação comunicada e do nível hierárquico da estrutura reflecte-se a cultura da organização. A cultura da organização não é um desafio para a implementação do lean (Rashid et al, 2004 e Derek, 2000). Wilson (2001) declarou que a cultura da organização não é monolítica porque existe uma subcultura que é considerada como a principal fonte de conflito dentro da organização. A subcultura desenvolve-se com as competências e a educação individuais. Além disso, desenvolve-se em função dos objectivos e metas departamentais. A revelação de qualquer mal-entendido e a análise completa da força de resistência dentro da empresa são o primeiro passo para uma implementação lean bem sucedida.

C. Fator de aprendizagem:

Cada organização tem os seus próprios objectivos, metas, capacidades, cultura e problemas, pelo que podemos dizer que cada projeto lean é único. Quando uma organização implementa o sistema Lean dentro da organização e copia tudo com o mesmo tipo de organização Lean, definitivamente a implementação do sistema Lean na primeira organização torna-se um fracasso. Quando se formam barreiras à aprendizagem, a organização não consegue perceber que a filosofia lean é um processo de aprendizagem contínuo e não um conjunto de ferramentas

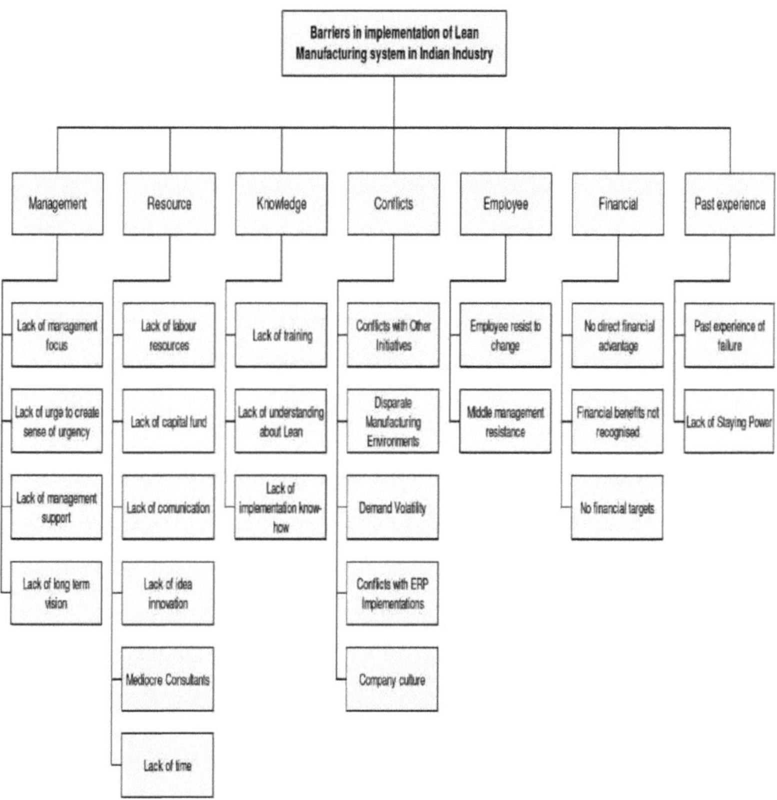

Figura No:3.6 Modelos teóricos para Barreiras na Implementação do Lean Manufacturing

3.5. 1Falhas de Lean

Lean é o processo de melhoria contínua. É difícil obter estatísticas fiáveis sobre o fracasso e o sucesso do Lean, embora muitos estimem atualmente que o fracasso do Lean é elevado. (Emilliani, 2005 e Hall 2008, Lean enterprise institute, 2004). Quando os estudos são efectuados junto das organizações que já implementaram o sistema Lean, é possível descobrir quais as vantagens que estão a obter com a implementação do sistema Lean. Nesse inquérito conduzido pelo Lean Enterprise Institute (2005), apenas 4% dos inquiridos afirmaram considerar que o progresso das suas empresas na implementação da ferramenta Lean era avançado.

No artigo "leader lost in transformation", Emilliani, 2005, um conhecido investigador e autor de Lean, afirma que "embora as empresas de todo o mundo estejam empenhadas na transformação Lean há 5 a 10 anos ou mais, a maioria só conseguiu um nível modesto de melhoria". Um inquérito realizado pelo Lean Enterprise Institute em 2004, em resposta ao inquérito, 67% dos inquiridos afirmaram que consideravam que a sua organização se encontrava na fase inicial de planeamento ou na fase inicial da implementação Lean. Além disso, verificou-se que a maioria das empresas, 80%, ainda não conhece as palavras-chave (Lean) corretamente. (Hall, 2008)

Nos últimos anos, verificou-se que a taxa de insucesso do método "lean" aumentou e o sector transformador debate-se com a aprendizagem dos métodos "lean". Hoje em dia, começa a debater-se as causas do insucesso do método "lean". Devido à falta de compreensão do princípio lean e da metodologia lean, o rácio de insucesso lean aumentou. (Dixon,2007 e Emilliani,2007). Outras razões são o abandono precoce, o desvio por outras prioridades, a mão de obra instável e sem formação, a resistência à mudança. Todas estas razões podem ser ultrapassadas através de uma ação de gestão executada pela empresa (Emilliani 2005 e Rubrich,2004)

São 11 os factores enumerados por Emelliani, 2005, no seu artigo leader lost in transformation (líder perdido na transformação). A lista é típica das causas habitualmente citadas:

1. sistema de gestão: os gestores de topo não entendem o sistema Lean como um sistema de fabrico, mas sim como um conjunto de ferramentas.

2) Comportamento de liderança: as pessoas apercebem-se sempre dos compromissos dos líderes.

3) Participação dos quadros superiores: os quadros superiores são a favor do sistema Lean, mas afirmam que estão demasiado ocupados para se envolverem nas actividades de melhoria contínua.

4. rotatividade da gestão: A transferência de quadros superiores em todos os departamentos não permite uma gestão lean eficaz.

5. métricas empresariais: o gestor sénior não altera as métricas para refletir o novo sistema lean.

6. despedimentos: com base na filosofia lean, os gestores de topo não planeiam utilizar o excesso de mão de obra para melhorar a produtividade.

7. integração da estratégia: os gestores de topo não conseguem ligar as actividades "lean" às estratégias globais da empresa. Este facto leva a uma aplicação aleatória dos métodos lean.

8. Custo total; A gestão de topo permite a utilização de ferramentas de compra e exige detalhes que são inconsistentes com a ferramenta, método e práticas lean.

9. horizonte temporal: os gestores de topo concentram-se nos ganhos a curto prazo em vez dos ganhos a longo prazo.

10. Focus: o gestor de topo toma decisões que favorecem os interesses

dos acionistas e ignoram os interesses dos acionistas, como os dos trabalhadores.

11. cadeia de abastecimento: é difícil para o fornecedor praticar os métodos lean se o seu cliente não o fizer. A aplicação do sistema Lean ao longo de uma cadeia de abastecimento exige a cooperação entre organizações.

Como evitar os fracassos da implementação Lean

O consultor lean Larry Rubrich (2004) desenvolveu uma lista das causas comuns dos fracassos lean. As causas identificadas por Rubrich são semelhantes às causas identificadas por Emiliani (2005).

1. falta de apoio: A gestão de topo não apoia as mudanças necessárias para a implementação do Lean.

2. falta de comunicação: Os quadros superiores não comunicam eficazmente com a organização.

3. falta de apoio dos gestores intermédios ou dos supervisores: A gestão intermédia e os supervisores não apoiam as mudanças necessárias para a implementação do Lean.

4. não compreender que se trata do seu pessoal: A gerência não apoia o treinamento e o desenvolvimento dos funcionários necessários para a implementação do lean.

5) Falta de focalização no cliente: A direção não definiu a orientação para o cliente necessária para uma transição bem sucedida.

6. falta de medidas de melhoria: A gestão de topo estrutura incorretamente os indicadores. As métricas não estão ligadas ao sistema lean e o sistema lean não está direcionado para os objectivos da empresa.

7. falta de liderança Lean: A gestão não participa nas actividades Lean. A direção exige métodos Lean, mas não os pratica nem participa.

8. As medidas relativas às pessoas não estão alinhadas com os objectivos Lean: A gerência não critica ou dá feedback aos funcionários com base no desempenho para a obtenção dos objectivos Lean e dos objectivos da empresa.

9. não utilização de uma variedade de ferramentas ou métodos Lean para realizar melhorias: A gerência, ao invés de focar em uma série de pequenas melhorias em muitos níveis e em muitas áreas da empresa, foca em grandes eventos Lean pontuais.

10. Sistemas de pagamento de bónus: A administração baseia os pagamentos de bónus em medidas de rentabilidade em vez de numa série de medidas que reflectem as operações e os objectivos da empresa.

Quando se comparam as listas de Emiliani (2005) e Rubrich (2004), verifica-se que um elemento é citado em quase todas as causas apresentadas em ambas as listas: o facto de a gestão não atuar em conformidade com os princípios e filosofias lean aquando da implementação de um sistema de produção lean. Ao citar consistentemente a gestão como a causa principal dos fracassos do sistema Lean, as questões sobre a integridade das ferramentas, métodos e filosofias Lean não estão a ser colocadas ou perseguidas (Womack, 2007).

Ao citar a gestão como a causa principal dos fracassos do sistema Lean, parte-se do princípio de que as ferramentas, os métodos e as filosofias Lean oferecem um quadro abrangente que apoia a sustentabilidade do sistema de fabrico Lean. Também se parte do princípio de que existe um quadro que oferece um conjunto claramente definido de ferramentas e métodos para o sucesso (Dennis, 2007; Womack et al., 1990).

Quando a gestão de topo é apontada como a causa do fracasso, presume-se que existe algum tipo de problema intelectual, de carácter ou de liderança e que a gestão de topo não está à altura do desafio (Emiliani, 2005: Rubrich, 2004). Embora haja excepções, na realidade a maioria dos gestores de topo são conhecidos por serem muito inteligentes, muito trabalhadores e muito empenhados no sucesso. Estes traços de carácter são os que os ajudaram a obter os seus cargos (Schonberger, 2007). Dadas as exigências de um cargo de gestão de topo, é pouco provável que tais níveis de incompetência sejam tão generalizados na indústria transformadora e no mercado global.

Realisticamente, é provável que o desempenho da gestão de topo não esteja relacionado com incompetência ou indiferença, mas sim com o seu desempenho baseado nas suas experiências reais. É muito provável que não vejam um caminho claro, conciso e lógico para a implementação e manutenção de um sistema de gestão lean e que, com base nas elevadas taxas de insucesso dos sistemas de gestão lean em todo o mundo, as ferramentas e métodos lean não estejam completos ou não sejam facilmente compreensíveis (Schonberger, 2007; Womack, 2009).

Perante as taxas de insucesso consistentemente elevadas, temos de repensar a nossa capacidade de compreender e explicar o sistema de fabrico lean na sua totalidade (Womack, 2007, 2009). Devemos considerar a continuação dos nossos esforços de investigação com a intenção de melhorar e definir claramente as ferramentas e métodos de fabrico lean, de modo a que o quadro concetual oferecido seja abrangente e apoie plenamente os programas de melhoria contínua e a transformação lean de uma organização (Womack, 2007). Além disso, para ajudar a melhorar a taxa de insucesso do lean, devemos abrir-nos a modelos e teorias que vão para além das disciplinas da ciência da gestão e procurar noutras disciplinas científicas conhecimentos que possam ser utilizados na investigação e que possam, em última análise, ajudar a compreender melhor os sistemas lean e o desenvolvimento de culturas de melhoria contínua.

Desafios da transformação Lean e aplicação do pensamento Lean em toda a empresa:

O quadro que os autores (Repenning, Sterman 2001) desenvolveram evidencia os desafios associados à implementação de programas de melhoria e fornece algumas sugestões práticas que aumentariam as hipóteses de sucesso futuro em tais esforços. Muitas vezes, verifica-se que, mesmo que se acrescente tempo para as melhorias, é necessário tempo para identificar o problema no processo, descobrir e eliminar as suas causas e introduzir soluções. Infelizmente, acontece que, mesmo após esses esforços, eles não conduzem necessariamente de imediato à melhoria da capacidade do processo.

Outra questão é que mesmo a melhoria da capacidade não durará para sempre, se, por exemplo, esta for aplicada a equipamento técnico que está a ser amortizado e a ficar obsoleto ou em que os produtos estão a mudar frequentemente. Isto pode ser feito de duas formas - trabalhar mais ou trabalhar de forma mais inteligente. Na situação de trabalhar mais durante o tempo de trabalho, a gestão pressiona os trabalhadores a trabalharem mais para atingirem o objetivo, ou simplesmente a acrescentarem mais horas de trabalho, o que na maioria dos casos leva a uma grande pressão e a elevados níveis de stress. A alternativa é aumentar a capacidade do processo e, dessa forma, melhorar o desempenho. Numa situação de trabalho mais inteligente, a gestão dá aos trabalhadores a possibilidade de experimentarem novas ideias e de encontrarem uma solução para melhor realizarem o trabalho. Os autores (Repenning, Sterman 2OO1), no entanto, não aceitam como totalmente positiva a segunda abordagem e criticam-na como um atraso substancial entre a indicação do tempo para as melhorias e a realização efectiva das melhorias - os benefícios do tempo investido e de outros recursos surgem muito mais tarde no processo de implementação. Este facto está também relacionado com a complexidade da melhoria. Infelizmente, isso resulta na aplicação da técnica "trabalhar mais", porque os principais objectivos devem ser alcançados e, muitas vezes, a gestão e os funcionários nunca encontram tempo para melhorias.

O estudo (Repenning, Sterman 2OO1) determina este comportamento de gestão para atingir os objectivos a curto prazo como o chamado "ciclo de reinvestimento" - uma ênfase temporária numa opção em detrimento da outra pode tornar-se permanente. Esta situação conduz a um aumento da pressão de trabalho e a níveis mínimos de capacidade de processamento. Na situação oposta, poderia ser um feedback positivo que reforçaria o comportamento que domina. Se uma organização fizer esforços suficientes para melhorar a sua capacidade de processamento, o seu desempenho irá aumentar. Os mesmos autores desenvolvem um modelo que mostra a dinâmica da resposta do sistema ao trabalho mais árduo versus trabalho mais inteligente e ajuda a explicar por que razão as empresas caem na armadilha da capacidade - a interação entre o ciclo de atalhos de equilíbrio e o ciclo de reinvestimento. Na situação de trabalho mais árduo, a redução dos investimentos em melhorias de processos corrói a capacidade do processo e diminui o desempenho a longo prazo. Devido à pressão para atingir o objetivo elevado desde o início, o desempenho é mais elevado do que em geral, o que leva a que o trabalho seja menos investido em melhorias. Mais tarde, a capacidade diminui, de tal forma que o desempenho efetivo também diminui.

> Ao trabalhar de forma mais inteligente, como resultado da diminuição do tempo gasto a trabalhar e do aumento do tempo para melhorias, o desempenho real está a diminuir. No entanto, numa execução de registo, a capacidade está aparentemente a aumentar. Como resultado, o trabalho é menor e o desempenho é mais elevado devido ao aumento da capacidade do processo.
>
> Sob a pressão de prazos curtos e de objectivos a cumprir, os gestores não conseguem muitas vezes ver que o excesso de trabalho só conduzirá a um pior desempenho e eliminará as oportunidades de melhorar o

processo de trabalho. É muito frequente surgirem problemas que têm de ser resolvidos não só no momento em que ocorreram, mas a longo prazo. Os gestores atribuem o baixo desempenho à mão de obra desmotivada, em vez da verdadeira causa - baixa capacidade do processo. Este caso é descrito como erro de atribuição de auto-confirmação (Repenning, Sterman 2001). Assim, quando os gestores estão convencidos de que a fonte das suas dificuldades é a mão de obra, todas as acções que tomam dão-lhes uma confirmação extra deste erro de atribuição. Pensa-se que este erro conduz a organização a uma pressão de trabalho elevada e a menos recursos dedicados à melhoria dos processos. Os gestores não se apercebem de que podem estar numa armadilha da capacidade, porque as operações da organização lhes dão provas suficientes para se convencerem de que o problema reside na atitude e no carácter dos seus empregados. A armadilha da capacidade vai para além da elevada pressão de trabalho e da baixa capacidade, mas está também ligada às estruturas organizacionais de incentivos, à cultura empresarial, à recompensa dirigida à promoção e à recompensa daqueles que salvam a linha de fogo ou aos esforços heróicos que encontram uma solução de última hora para um problema. Estes incentivos estão a desenvolver o pensamento a curto prazo e um ambiente de trabalho mais duro.

Um dos desafios mais assustadores para todos os diretores executivos de empresas globais é manter a sua empresa competitiva a longo prazo (Mefford 2009). Estes enfrentam pressões para manter os custos baixos e aumentar progressivamente a rendibilidade e, ao mesmo tempo, devem inovar e melhorar a conceção dos produtos, de modo a competir no mercado global. Uma decisão no sentido de reduzir os custos e aumentar a rendibilidade seria aumentar a produtividade da empresa.

Uma tarefa desafiadora para os gestores de todas as empresas estudadas no estudo ol (Czabke, Hansen & Doolen 2008) acaba por ser a comunicação efectiva da visão e do plano de implementação lean aos trabalhadores. Compreender a nova visão, a nova ordem e comunicá-la a todos os níveis organizacionais parece ser uma tarefa difícil também para a direção. Por vezes, mesmo quando o diretor-geral da empresa está totalmente empenhado no programa de melhoria organizacional, a organização parece ter alguns problemas com a implementação da nova abordagem. Acontece com muita frequência que os programas implementados voltam ao seu modo original, dispendioso e caótico. As pessoas são resistentes a mudanças no seu local de trabalho, mesmo que a direção dedique esforços suficientes em programas de formação e explique os valores da nova prática. Especialmente quando os trabalhadores veteranos se deparam com o novo desafio de mudar a sua forma de trabalhar e quando precisam de ser convencidos dos benefícios da nova técnica. Muitas atitudes negativas podem ser transformadas numa grande resistência. (Mefford 2009)

Outro desafio para as empresas é referido num estudo (Lewis 2000) que dá provas de que os trabalhadores abandonam a empresa no nível avançado de implementação da aprendizagem. As competências, os conhecimentos e a experiência dos trabalhadores necessários para executar tarefas específicas em toda a empresa podem ser escassos e difíceis de copiar, constituindo assim uma plataforma para uma vantagem competitiva sustentável. Estas competências têm um valor de mercado para a empresa em causa e, se forem visíveis externamente para outros concorrentes no mesmo domínio (por exemplo, após o prémio nacional de formação ou outras conferências públicas em que os gestores descrevem o valor do seu pessoal), existe o risco de o pessoal abandonar a empresa para aproveitar esse valor. Quando os principais membros do pessoal estão a ser procurados por outras organizações de maior dimensão dispostas a oferecer benefícios substanciais, a retenção desse pessoal torna-se morosa, dispendiosa e pode ter um grande impacto no moral das empresas com estatuto único. Apesar de o pessoal ter manifestado lealdade à empresa em todos os inquéritos realizados, face a estes incentivos, os trabalhadores continuam a abandonar a empresa.

De acordo com um inquérito realizado pela Bain em 2005 a mais de 900 executivos mundiais, cerca de 70 % deles admitem que a complexidade excessiva está a aumentar os seus custos e a impedir o crescimento dos seus lucros. No entanto, a maioria das empresas concentra-se no desenvolvimento de novos produtos para ser competitiva em relação às outras no seu sector. Nesse caso, acontece que o lucro da empresa diminui rapidamente. Este facto deve-se principalmente à complexidade que introduziram no seu sistema ao tentarem ser inovadoras. Na maioria dos casos, a complexidade começa na linha de produtos, mas pouco tempo depois está a espalhar-se por toda a organização. Como resposta, a empresa tenta implementar ferramentas como o Six Sigma ou o Lean. A complexidade está espalhada por toda a cadeia de valor e as ferramentas implementadas numa área não estão prestes a fazer uma mudança significativa na situação: "Onde está o fulcro de inovação da empresa?" O fulcro da inovação é um ponto de viragem para um maior lucro e um aumento das vendas. O fulcro da inovação é um ponto de viragem para um maior lucro e um aumento das vendas, que pode ser alcançado encontrando o equilíbrio entre a complexidade e a inovação.

O verdadeiro desafio para as empresas é saber em que ponto da jornada lean se encontram e gerir a situação de melhoria contínua na sua organização.

Vantagem competitiva e sustentabilidade com Lean

A globalização e a mudança das condições do mercado obrigam as empresas a repensar as decisões a todos os níveis organizacionais e a procurar novas formas de pensar e trabalhar. O controlo da cadeia de valor acrescentado é também considerado um fator de sucesso. Para garantir a sua competitividade, uma empresa deve ser capaz de fornecer vantagens imediatas a preços e serviços competitivos. De acordo com (Mertins, Jochem 2001), isto requer

- custos e processos transparentes;
- uma mudança na forma de pensar;
- trabalhadores qualificados e motivados;
- estruturas organizacionais e fluxos de trabalho eficientes;
- sistemas de gestão da qualidade (QM) e de gestão ambiental (EM) utilizados de forma eficaz e actualizados regularmente no dia a dia;
- superar as estruturas crescidas aquando da introdução de sistemas de processamento de dados (DP);

A viabilidade económica pressiona as empresas a desenvolverem uma capacidade distintiva que lhes dê uma vantagem competitiva sobre os potenciais concorrentes.

Com base na noção de que a obtenção de uma vantagem competitiva exige que as empresas se concentrem nas suas competências essenciais e desenvolvam relações duradouras com empresas especializadas para a conceção, o desenvolvimento e o fornecimento de materiais. O movimento de informações e materiais de forma sincronizada e coordenada entre empresas colaboradoras apresenta a ideia de empresa alargada. (Jagdev, Browne 1998)

As competências de base são as competências essenciais para a realização dos objectivos comerciais da empresa e que permitem reduzir os custos e diferenciar os produtos. A empresa alargada assume a forma de uma rede de clientes e fornecedores, por oposição a uma cadeia de valor linear. Para enfrentar os desafios competitivos de hoje, as empresas precisam do apoio ativo dos seus fornecedores e da colaboração estreita com os seus clientes.

Porter (1988) introduz o conceito de cadeia de valor como um meio de diagnosticar os factores determinantes da vantagem competitiva de uma empresa. Porter sugere que a análise da cadeia de valor ajudaria um gestor a separar as actividades subjacentes da empresa no que diz respeito às funções de conceção, produção, comercialização e distribuição dos seus produtos ou serviços.

A cadeia de valor é vista como um conjunto de actividades interdependentes que, no seu conjunto, constituem os elementos constitutivos da vantagem competitiva de duas formas: otimização dos processos e repartição das responsabilidades pelos membros

dependendo de quem é melhor em cada atividade e, em segundo lugar, como uma coordenação para alcançar um desempenho superior.

As empresas já não trabalham para o seu próprio lucro, mas apoiam-se mutuamente ao longo da cadeia de valor. As empresas envolvidas numa empresa "lean" devem procurar as melhores oportunidades para explorar a sua vantagem competitiva colectiva. O seu pensamento estratégico deve centrar-se na exploração de uma nova forma de sustentar as relações que são suficientes para alcançar um desempenho superior.

O Lean também traz benefícios em termos de maior flexibilidade e prazos de entrega mais curtos, vantagens importantes num mercado global altamente competitivo. Seguindo o quadro concetual desenvolvido, discutido acima, se os elementos importantes do modelo Lean estabelecerem um forte apoio, as empresas deverão obter vários benefícios. A função que mais beneficia do pensamento Lean é a produção, no que diz respeito à redução de defeitos, dimensão do inventário, trabalho em processo, prazos de entrega, redesenho dos processos de produção e espaço de produção. O mais surpreendente é o facto de a realização destas actividades não implicar grandes investimentos de capital. Isto levou à vantagem seguinte de se tornar rentável e, consequentemente, altamente lucrativa.

Outro benefício foi a melhoria da comunicação e cooperação entre a gerência e os funcionários. A análise dos dados identifica o benefício significativo da criação de uma nova cultura (com treinamentos e sistema de sugestões lean) que permite a resolução de problemas que ocorrem. Este estudo relata os grandes benefícios que a implementação do pensamento lean teve sobre a função de marketing expressando em linhas de produtos robustas, processos de desenvolvimento de novos produtos mais eficientes. Estas melhorias contribuíram para o aumento da satisfação dos clientes e para o crescimento das vendas. As empresas experimentam relações mais estreitas com os clientes com a implementação do Lean, o que leva a ganhar uma vantagem competitiva significativa sobre outras empresas no mesmo sector de atividade.

Os autores (Crute et al. 2003) identificaram cinco factores essenciais que apontam para as conquistas com a produção enxuta. Estes são:

Gestão de inventários reduzidos, produção orientada em função do cliente, organização do trabalho em equipas com trabalhadores polivalentes que eliminam o valor não acrescentado, integrando toda a cadeia de valor no processo lean.

A globalização obrigou algumas empresas a repensar completamente a forma como se podem organizar e reconfigurar. Eis algumas das razões que levam uma grande empresa como a Boeing a decidir implementar a estratégia lean:

- Obter maior qualidade
- Organizar equipas de trabalho de toda a empresa responsáveis pelo seu produto de trabalho
- Criar uma cultura que encoraje os empregados a sugerir melhores formas de cumprimento dos objectivos de desempenho
- Concentrar-se nas competências essenciais e subir na cadeia de valor
- Reduzir a estrutura de custos da empresa

- Globalizar em maior grau

Transferindo estes pontos de vista para a situação atual de mudança constante, os gestores estão a voltar a sua atenção para reconfigurar as suas organizações através da aplicação de filosofias de gestão japonesas, tais como o pensamento lean.

3.6 resumo:

A filosofia "lean" está originalmente associada ao sector automóvel e foram alcançados resultados maravilhosos através da implementação do sistema de produção "lean" nas indústrias de produção discreta. A filosofia Lean não se limita ao sector automóvel, tendo-se expandido a todos os sectores da indústria transformadora e, atualmente, a filosofia Lean é também amplamente utilizada no sector dos serviços e no ambiente de escritório. Lean é uma cultura de melhoria contínua que elimina os desperdícios e as actividades sem valor acrescentado. A liderança é também um dos principais componentes da filosofia Lean, se a equipa de gestão estiver comprometida com a missão e a visão, então a organização torna-se uma organização Lean. Uma economia dominada por empresas Lean que tentam continuamente melhorar a sua produtividade, flexibilidade e capacidade de resposta ao cliente, poderia fornecer o antídoto a longo prazo para a estagnação económica.

Ferramentas adicionais:

Quadro n.º: 3.5 Ferramentas Lean adicionais

5S	Overall Equipment Effectiveness (OEE)
Andon	PDCA (Plan, Do, Check, Act)
Bottleneck Analysis	Poka-Yoke (Error Proofing)
Continuous Flow	Root Cause Analysis
Gemba (The Real Place)	Single Minute Exchange of Die (SMED)
Heijunka (Level Scheduling)	Six Big Losses
Hoshin Kanri (Policy Deployment)	SMART Goals
Jidoka (Autonomation)	Standardized Work
Just-In-Time (JIT)	Takt Time
Kaizen (Continuous Improvement)	Total Productive Maintenance (TPM)
Kanban (Pull System)	Toyota Production System (TPS)
KPI (Key Performance Indicator)	Value Stream Mapping (VSM)
Muda (Waste)	Visual Factory

CAPÍTULO 4

ESTUDOS DE CASO CRÍTICOS SOBRE O SISTEMA DE PRODUÇÃO LEAN NAS PME DA REGIÃO DE AHMEDABAD.

4.1INTRODUÇÃO DAS PME

Gujarat é o estado que mais cresce na Índia, tendo uma longa cintura industrial. O desenvolvimento industrial no Gujarat é muito elevado em comparação com os outros estados da Índia. Outros estados da Índia têm um sector especializado para o desenvolvimento da indústria, como Andhra Pradesh e Tamilnadu, com experiência no negócio de software, Maharashtra é bom para as indústrias açucareiras, por isso todos os estados têm a sua especialidade, mas quando se pensa no Gujarate, é um estado líder em todos os tipos de indústrias. O Gujarate possui um centro industrial têxtil, indústrias Dimond, indústrias petroquímicas, sectores de maquinaria, indústrias transformadoras e fundições.

Classificação das pequenas, médias e microempresas:

Quadro n.º: 4.1 Classificação das PME

Classification of MSME(s)		
Enterprises	**Manufacturing Enterprises: Investment in Plant & Machinery**	**Service Enterprises: Investment in Equipment**
Micro	Up to INR 25Lakh	Up to INR 10 Lakh
Small	INR25 Lakh–INR 5 Crore	INR10 Lakh –INR 2 Crore
Medium	INR5 Crore –INR10 Crore	INR 2 Crore –INR5 Crore

Setor das MPME: Principais indústrias (Índia)

As micro, pequenas e médias empresas (MPME) contribuem a nível nacional

-8% do PIB do país

-45% da produção industrial

-40% das exportações

-21% do emprego 2nd mais elevado depois da agricultura

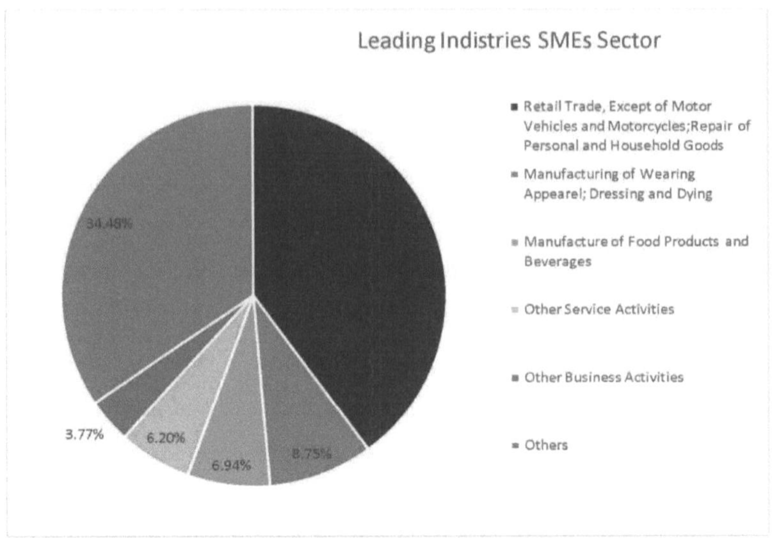

Figura N.º: 4.1 Principais indústrias do sector das PME.

Fontes: 4º Censo das MPME de toda a Índia, Relatório Anual 2014-15, Ministério das Micro, Pequenas e Médias Empresas, Governo da Índia

4.1.2 CENÁRIO DAS PME DE GUJARATE

Gujarat é o estado que mais cresce na Índia, tendo uma longa cintura industrial. O desenvolvimento industrial no Gujarat é muito elevado em comparação com os outros estados da Índia. Outros estados da Índia têm um sector especializado para o desenvolvimento da indústria, como Andhra Pradesh e Tamilnadu, com experiência no negócio de software, Maharashtra é bom para as indústrias açucareiras, por isso todos os estados têm a sua especialidade, mas quando se pensa no Gujarate, é um estado líder em todos os tipos de indústrias. O Gujarate tem um centro industrial têxtil, indústrias Dimond, indústrias petroquímicas, sectores de maquinaria, indústrias transformadoras, fundições

De acordo com o relatório anual de 2014-15, do Ministério das Micro,

Pequenas e Médias Empresas, do Governo da Índia, o cenário das PME em Gujarat é o seguinte:

- Gujarat ocupa o 1.º lugar[st] no desempenho global integrado das MPME a nível nacional, de acordo com o ISED, Observatório das Pequenas Empresas (de acordo com o relatório de 2012 das MPME de Gujarat)
- Gujarat Recebeu 2nd Quota mais elevada de mais de 16,2% no número total de memorandos de empresários apresentados em MPMEs em toda a Índia a partir de 2013-14.
- O memorando dos empresários dos Estados-Membros recebido por Gujarat registou um aumento de 193%, passando de cerca de 20 000 em 2009-10 para mais de 58 600 em 2013-14.
- Ahmedabad, Surat, Rajkot, Vadodara, Bharuch, Jamnagar, Bhavnagar e Valsad são os principais clusters de SMS multiprodutos ou, por outras palavras, MSMSs no estado.

Principais clusters de MPMEs em Gujarat:

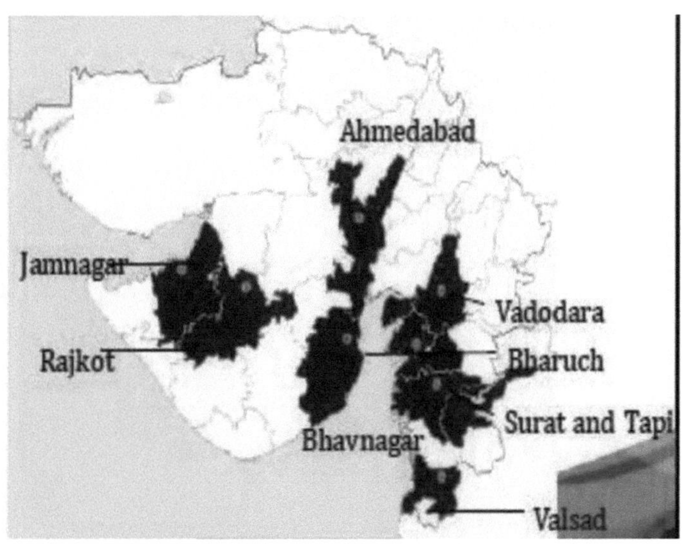

Figura No:4.2 Principais clusters de PME em Gujarat

Fontes: Relatório Anual 2014-15, Ministério das Micro, Pequenas e Médias Empresas, Governo da Índia, Assocham * De acordo com o 4º Censo das MPME publicado em 2011

O Gujarat tem uma boa rede rodoviária, ferroviária e aérea, pelo que é muito fácil e rápido chegar a qualquer parte do Gujarat. De Ambaji a Vapi, Gujarat tem uma longa cintura industrial. A geometria do Gujarat apoia todos os tipos de indústrias. A política governamental para a indústria é muito favorável para gastar o negócio.

Foram identificados sete sectores para atrair mais investimentos das PME:

- Floresta e Ambiente
- Energia
- Alimentação e saúde
- Receitas e desenvolvimento urbano
- Transporte
- Finanças e Indústria

MPMEs em Gujarat Dados cumulativos de 2010-11 a 2015-16*

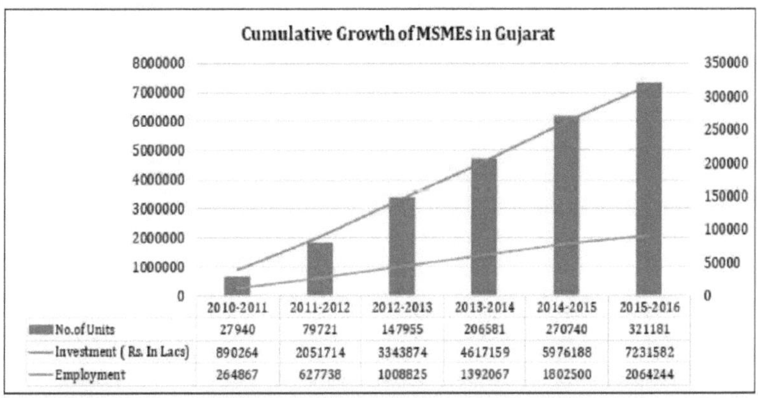

	2010-2011	2011-2012	2012-2013	2013-2014	2014-2015	2015-2016
No. of Units	27940	79721	147955	206581	270740	321181
Investment (Rs. In Lacs)	890264	2051714	3343874	4617159	5976188	7231582
Employment	264867	627738	1008825	1392067	1802500	2064244

- Total number of MSME(s) registered in Gujarat from 2006 to Oct.2015 : 3,76,357
- Since, 20-Oct-2015 new MSMEs are registered under Udhyog Aadhar Memorandum (UAM) instead of EM-II.
- Total 42,817 MSMEs have been registered under UAMs in Gujarat till 5th March 2016

  Micro - 32,837 ; Small - 9551 ; Medium - 429

Figura n.º: 4.3 Dados cumulativos das MPME de Gujarat.

*O número reflecte as MPMEs registadas no estado. Nota: Os dados para 2015-16 são até 20-0ct-2015.

Fontes: Comissário das Indústrias, Governo de Gujarat

4.1.3 CLUSTERS DE PME EM GUJARAT (POR SECTOR)

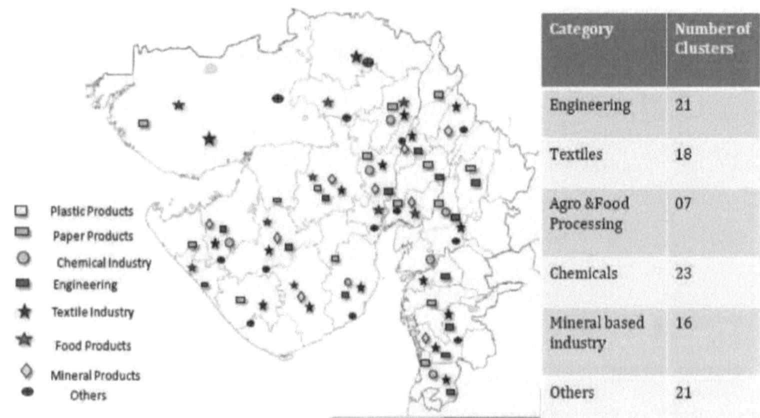

Category	Number of Clusters
Engineering	21
Textiles	18
Agro &Food Processing	07
Chemicals	23
Mineral based industry	16
Others	21

Figura No:4.4 Cluster de PMEs em Gujarat (sector de atividade)

Distribuição setorial das PME em Gujarat:

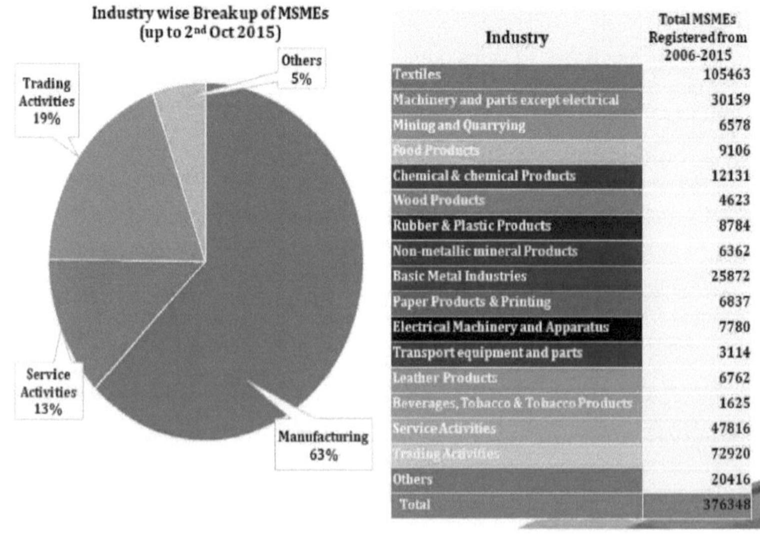

Industry	Total MSMEs Registered from 2006-2015
Textiles	105463
Machinery and parts except electrical	30159
Mining and Quarrying	6578
Food Products	9106
Chemical & chemical Products	12131
Wood Products	4623
Rubber & Plastic Products	8784
Non-metallic mineral Products	6362
Basic Metal Industries	25872
Paper Products & Printing	6837
Electrical Machinery and Apparatus	7780
Transport equipment and parts	3114
Leather Products	6762
Beverages, Tobacco & Tobacco Products	1625
Service Activities	47816
Trading Activities	72920
Others	20416
Total	376348

Figura No:4.5 Distribuição setorial das PME em Gujrat

Shah e Ward (2003) sugeriram uma escala de três pontos ((1) nenhuma implementação; (2) alguma implementação; (3) implementação extensiva) para a medição das práticas de gestão empresarial. No presente estudo, o nível de implementação das práticas de gestão empresarial na Índia

Quadro nº: 4.2 Meios de resposta nas PME

Key Areas	Mean of responses (five-point Likert scale)
Inventory	3.83
Team and corporate Culture	3.51
process and process technology	3.41
maintenance	4.19
plant layout and material handling	3.60
suppliers	3.85
Setup	3.55
Quality	3.27
scheduling and production controls	3.97

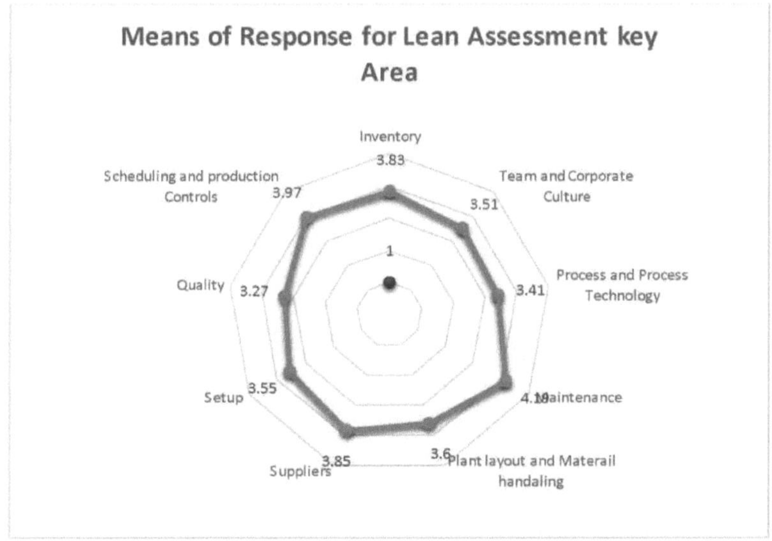

Figura No:4.6 Meios de resposta para Lean Assembly

4.2 VISÃO GERAL DO CLUSTER DEAHMEDABAD

Ahmedabad, o maior distrito do estado de Gujarat, com uma população de 7,2 milhões de habitantes, é conhecido pela sua arquitetura antiga e pela indústria têxtil. A indústria têxtil, de facto, deu-lhe o nome de "Manchester da Índia". Ahmedabad é a principal cidade comercial e empresarial de Gujarat, que é considerado um Estado modelo na Índia do ponto de vista do desenvolvimento económico e da liberdade económica

De Manchester da Índia, com a maior parte do emprego na indústria têxtil de algodão, Ahmedabad passou a ser uma base para as indústrias farmacêutica, automóvel e de engenharia, agricultura e transformação de alimentos, têxteis e vestuário, produtos químicos e corantes e tecnologias da informação e, nos últimos anos, um centro de educação e turismo de saúde. Ahmedabad, juntamente com Anand, Rajkot, Vadodara, Surendranagar, Jamnagar, Mehsana, Panchmahal e Kutch, surgiram como locais privilegiados para clusters de PME de engenharia.

As indústrias estão localizadas na cidade de Ahmedabad ou nos seus arredores (no distrito de Ahmedabad) e têm um impacto significativo na economia da cidade. Existem 11 zonas económicas especiais no distrito de Ahmedabad, 12 zonas industriais e 10 parques industriais. Nos últimos cinco anos, aproximadamente, novas indústrias de grande escala localizaram-se no interior da cidade. Ahmedabad também emergiu como um importante centro financeiro.

Zonas industriais em Ahmedabad:

Quadro n.º: 4.3 Zona industrial em Ahmedabad (área)

Industrial estate	Area (In Hectares)
Apparel Park (Ambica Mill)	38.04
Kathwada	128.94
Dholka	42.78
Zone-D Ahmedabad City Industrial Estate	6.55
Vatva	542.3
Odhav	110.95
Viramgam Estate	42.71
Vani-Viramgam	2.02
Naroda	331.23
Kerala	109.64
Dhandhuka	40.13
Sanand	1.89

Fonte: MSME-DI, Ministério das MPMEs

4.2. 1Cenário industrial em Ahmedabad

Ahmedabad é uma base industrial para sectores como os produtos químicos, têxteis, medicamentos e produtos farmacêuticos e agricultura e indústrias de transformação de alimentos. Os têxteis e os produtos químicos têm sido os principais sectores de investimento e emprego em Ahmedabad desde 1980.

Ahmedabad é um centro industrial de têxteis e é popularmente conhecida como a Manchester da Índia. Ao longo dos anos, Ahmedabad desenvolveu infra-estruturas urbanas robustas para a economia dos serviços. Tirando partido da base têxtil, química e farmacêutica existente, Ahmedabad está a atrair várias grandes empresas multinacionais. Algumas das principais empresas aqui presentes incluem o Adani Group, Reliance Industries, Nirma Group of Industries, Arvind Mills, Claris Life Sciences, Cadila Pharmaceuticals, Shell, Vadilal

Industries Ltd, etc. A maior parte das indústrias de média e grande dimensão concentra-se em talukas como a cidade de Ahmedabad, Sanand, Viramgam, Daskroi e Dholka.

Devido à presença de várias instituições de ensino em Gujarat, o corredor Ahmedabad-Gandhinagar emergiu como um centro de inovação, tecnologia e I&D. O avanço da indústria de externalização fez com que Ahmedabad se tornasse uma das cidades industriais em crescimento da Índia, com actividades económicas importantes. Esta situação tem-se mantido ao longo de várias fases de crescimento dos serviços baseados nas TI e, mais recentemente, com o crescimento do sector da biotecnologia. Entre as principais cidades do país, Ahmedabad tem um número comparativamente mais elevado de empresas de biotecnologia e farmacêuticas. O sector da biotecnologia em Ahmedabad e Gujarat em geral centra-se principalmente na atividade biotecnológica, com especialização nos domínios do fabrico, comercialização e investigação de produtos químicos farmacêuticos, nutracêuticos à base de plantas, ingredientes farmacêuticos e produtos veterinários.

Durante 2012-13, Ahmedabad tinha o segundo maior número de ITIs em Gujarat, com 61, logo após Junagadh, que tinha 63 ITIs em 2012-13. Entre os vários distritos de Gujarat, Ahmedabad tinha o maior número de assentos sancionados nos ITIs (12.141 assentos em 2012-13).

Evolução anual das unidades registadas em Ahmedabad

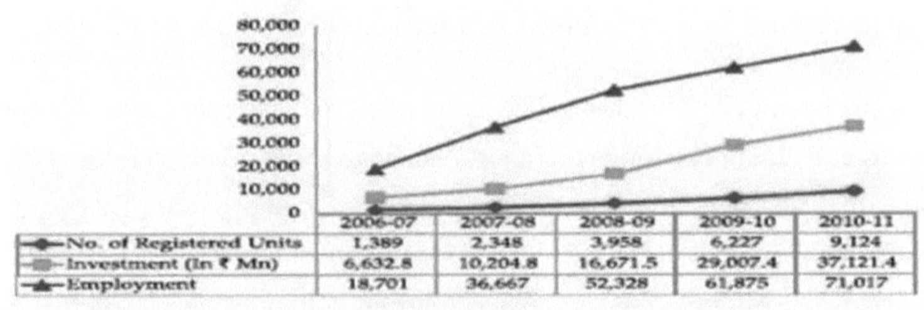

	2006-07	2007-08	2008-09	2009-10	2010-11
No. of Registered Units	1,389	2,348	3,958	6,227	9,124
Investment (In ₹ Mn)	6,632.8	10,204.8	16,671.5	29,007.4	37,121.4
Employment	18,701	36,667	52,328	61,875	71,017

Figura N.º: 4.7 Registo de unidades por ano em Ahmedabad

Fonte: Breve Perfil Industrial do Distrito de Ahmedabad, Ministério das PME

Quadro n.º: 4.4 Resumo das PME em Ahmedabad

Type of Industry	No. of units	Employment (no.)
Base metal products, Machinery equipment & parts	6,164	51,982
Chemical & allied products	3,657	41,996
Ores, Minerals, Mineral Fuels, Lubricants, Gas	1,219	18,320
Other manufactured articles & services	309	3,474
Railways, Airways, Ships & Road surface transport	149	4,270
Rubber, Plastic, Leather	852	8,299
Textile	4,396	40,196
Vegetable, Horticulture, Forestry Products, Beverages, Tobacco	704	8,743
Wood, Cork, Thermocoal, Paper & Articles	1,594	15,697
Others	3,795	42,463
Total	22,839	235,440

Fonte: Breve Perfil Industrial do Distrito de Ahmedabad, Ministério das MPME

4.2.2 Sensibilização para os regimes governamentais

A maioria dos inquiridos em Ahmedabad não tem conhecimento dos vários esquemas de apoio governamental fornecidos às PME Uma percentagem substancial de 72,5% das PME inquiridas em Ahmedabad referiu que não tem conhecimento dos vários esquemas governamentais, tais como o "Subsídio de capital para a adoção de novas tecnologias (CLCSS) para a atualização/modernização tecnológica das PME. Além disso, das PME que têm conhecimento desses programas, 63% utilizaram os esquemas, enquanto 37% não o fizeram.

Além disso, 72% das empresas inquiridas indicaram que não participam nos vários programas de formação e desenvolvimento de competências do governo disponíveis para as PME. Das PME que participam nesses programas, 68% indicaram que consideram esses programas "moderadamente benéficos" e 21% consideram esses programas "extremamente benéficos". No entanto, cerca de 11% também indicaram que não consideram estes programas benéficos. Participação nos programas de formação e desenvolvimento de competências do governo (%)

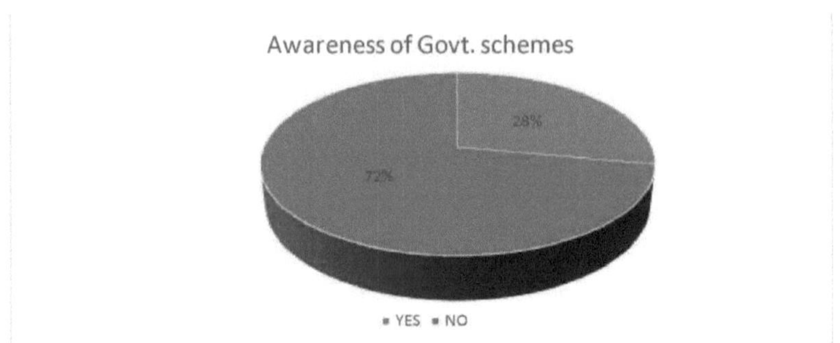

Figura No: 4.8 Sensibilização para o regime governamental nas PME

Fonte:D&B Research

Situações reais nas PME - análise baseada em entrevistas:

Durante a entrevista para analisar a situação atual no que diz respeito à utilização e implementação da produção Lean nas PME, as entrevistas foram muito úteis para compreender por que razão a maioria das PME não aplica atualmente os métodos Lean e quais são as dificuldades na sua implementação

Em muitas destas empresas, os métodos lean não são bem conhecidos: o facto de métodos como o kanban, just in time ou outros serem utilizados por grandes empresas e multinacionais. Muitas vezes, estas empresas estão a tentar aumentar a eficiência da produção através de lotes de maior dimensão e de uma capacidade mínima das máquinas. A implementação da ferramenta Lean reduziu o tempo de preparação e aumentou a produção. Existe uma falta de conhecimentos e de formação em gestão: muitos empresários não conhecem o conceito de produção optimizada. Muitos deles têm técnicos muito bons, mas não têm formação em gestão.

É difícil para as pequenas empresas contratarem pessoal qualificado: muitas das empresas confirmaram sofrer com a complexidade crescente que exigia pessoas qualificadas para o desenvolvimento e fabrico de produtos, mas não contratam pessoas experientes das indústrias porque não se esforçam por pagar o salário dessa pessoa, pelo que nomeiam o candidato mais recente.

4.3Vantagens e obstáculos ao crescimento das empresas em Ahmedabad

As PME de Ahmedabad citaram a vantagem geográfica e o acesso aos portos e à conetividade rodoviária como os dois principais factores que levaram ao aparecimento de Ahmedabad como um importante pólo industrial. Como se pode ver no gráfico abaixo, os resultados do nosso inquérito sublinham que as PME de Ahmedabad atribuem a emergência de Ahmedabad como um importante pólo industrial, em grande parte, aos três factores seguintes: a sua vantagem geográfica (81%), o acesso a portos e à conetividade rodoviária (64%) e o custo mais baixo de criação de empresas em comparação com outras localizações competitivas (48%).

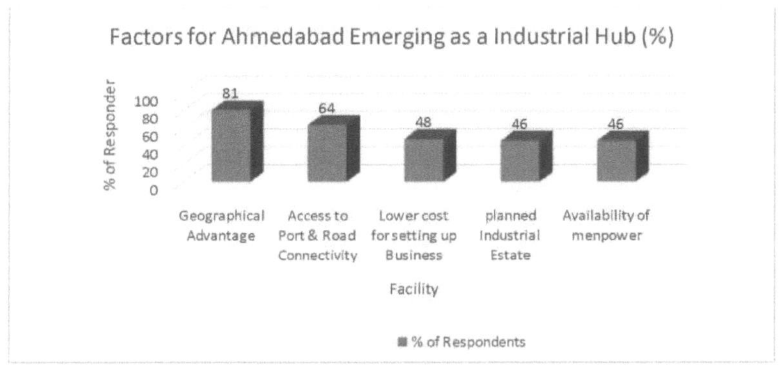

Figura No: 4.9 Factores para a emergência de Ahmedabad como centro industrial (%)

De acordo com a maioria das PME inquiridas, os dois principais obstáculos ao crescimento em Ahmedabad são o fraco acesso ao financiamento e a falta de mão de obra qualificada

De um modo geral, o acesso inadequado ao financiamento e a escassez de mão de obra qualificada surgiram como os dois principais obstáculos ao crescimento das PME que operam em Ahmedabad. Além disso, cerca de 75% das empresas que se situam no escalão de rendimento de 500 MN a ' 1 000 MN indicaram a regulamentação governamental como um dos principais obstáculos ao crescimento. Enquanto 75% dos inquiridos com rendimentos entre 100 MN e 500 MN referiram a escassez de mão de obra qualificada, outros 66,7% das PME com rendimentos entre 10 MN e 100 MN indicaram o baixo orçamento para a implementação/atualização de tecnologias como um obstáculo importante ao crescimento da sua empresa

Uma análise setorial dos resultados do inquérito revela que a maioria (59%) das PME do sector químico citou a regulamentação governamental e a indisponibilidade de mão de obra qualificada como os dois principais obstáculos ao crescimento, enquanto cerca de 90% das PME de engenharia inquiridas indicaram o fraco acesso ao financiamento em Ahmedabad como um dos principais obstáculos ao crescimento da sua empresa.

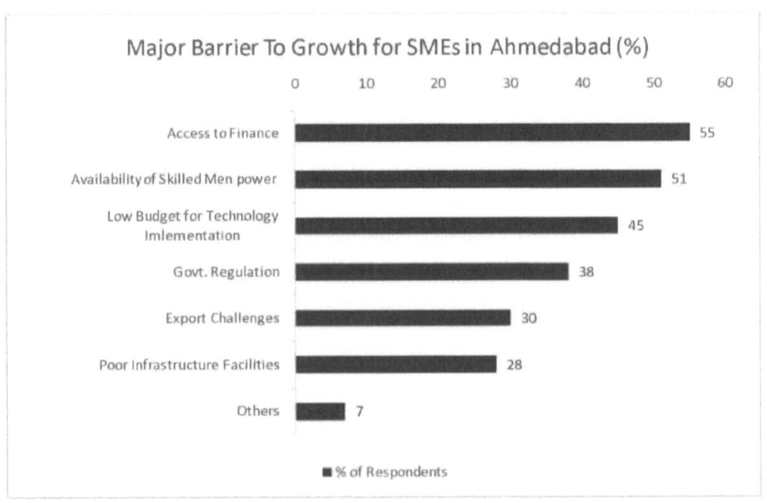

Figura No: 4.10 Principais obstáculos para as PME em Ahmedabad (%)

4.3.1Factores que podem permitir às PME de Ahmedabad tornarem-se mais competitivas

O apoio do governo, a disponibilidade de mão de obra qualificada e melhores infra-estruturas foram os principais factores citados pelas PME para ajudar a aumentar a sua competitividade. De acordo com as conclusões do nosso inquérito, seguem-se alguns dos factores que, segundo as PME de Ahmedabad, lhes permitiriam tornar-se mais competitivas

Ahmedabad permitir-lhes-á tornarem-se mais competitivas

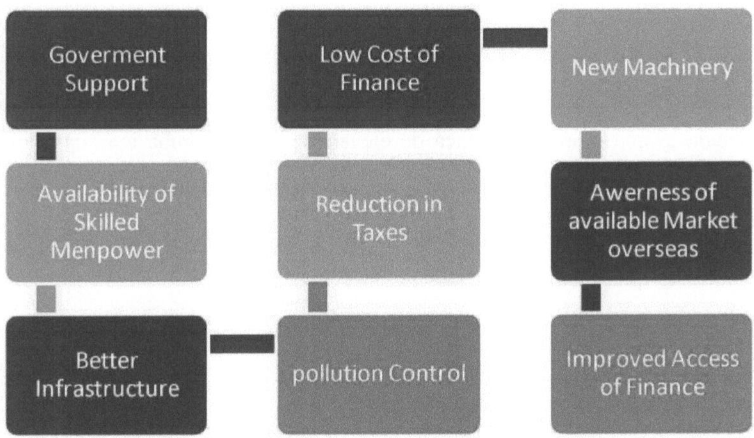

Figura No:4.11 Factores que podem permitir às PME de Ahmedabad tornarem-se mais competitivas

4. 4 ESTUDO DE CASO CRÍTICO

(INDÚSTRIAS DE BOMBAS SUBMERSÍVEIS EM AHMEDABAD)

Para o estudo de caso crítico, o investigador selecionou duas indústrias diferentes, que têm os mesmos produtos. Ambas as indústrias produzem bombas submersíveis em massa e em lotes.

Indústrias No:l

Jems Engenharia

Naroda Road, Maruti Industrial Estate, em frente ao quartel dos bombeiros de Naroda,

Ahmedabad-380025, Gujarat, Índia

Indústrias N.º 2

Salasar Industries 112, Tejendra Estate odhav Ahmedabad.

4.4.1Introdução dos produtos:

Uma bomba submersível (ou sub-bomba, bomba submersível eléctrica (ESP)) é um dispositivo que possui um motor hermeticamente selado, acoplado ao corpo da bomba. Todo o conjunto é submerso no fluido a bombear. A principal vantagem deste tipo de bomba é o facto de evitar a cavitação da bomba, um problema associado a uma grande diferença de elevação entre a bomba e a superfície do fluido. As bombas submersíveis empurram o fluido para a superfície, ao contrário das bombas a jato que têm de puxar os fluidos. As bombas submersíveis são mais eficientes do que as bombas de jato.

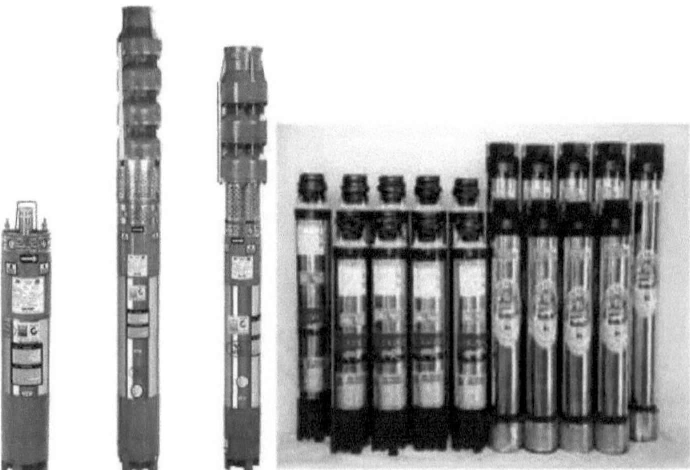

Figura N.º: 4.12 Bomba submersível

A bomba submersível é utilizada no sector agrícola para bombear a água para as culturas. Onde também é usado no uso doméstico também para abastecer água para os tanques ovcehead. Ahmedabad tem o maior mercado para a bomba submersível em toda a Índia. Muitas indústrias estão associadas ao fabrico da bomba submersível.

Submersível é o produto combinado do motor elétrico e da bomba. O número do estágio é necessário de acordo com a profundidade do nível da água. O ensaio da bomba é efectuado com referência a dados normalizados de acordo com o BIS (Beauro of Indian Standard).

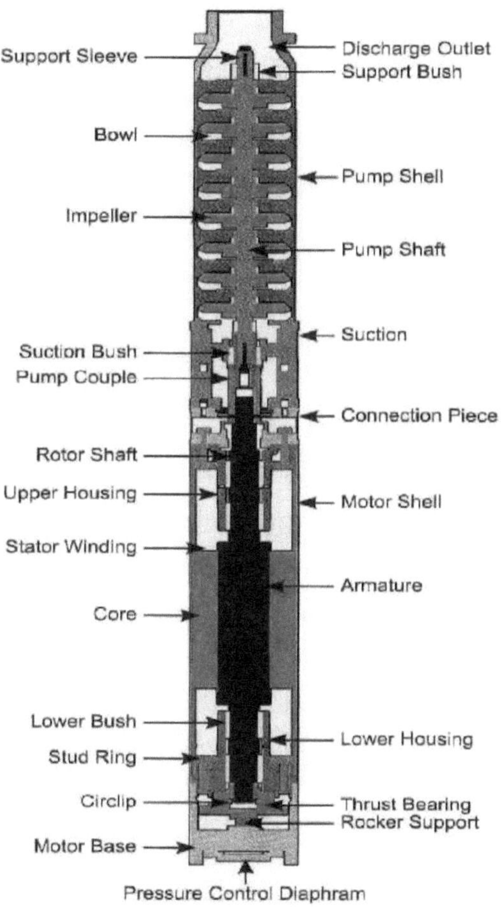

Figura N.º: 4.13 Diagrama da bomba submersível

História

Ca. 1928 O engenheiro e inventor russo de sistemas de distribuição de petróleo Armais Arutunoff instalou com êxito a primeira bomba submersível de petróleo Em 1929, a Plunger Pumps foi pioneira na conceção da bomba submersível de turbina, a precursora da moderna bomba submersível de várias fases. Em meados da década de 1960, foi desenvolvida a primeira bomba de água de poço profundo totalmente submersível.

Princípio de funcionamento:

As bombas submersíveis utilizadas nas instalações ESP são bombas centrífugas de vários estágios que funcionam na posição vertical. Embora as suas caraterísticas construtivas e operacionais tenham sofrido uma evolução contínua ao longo dos anos, o seu princípio básico de funcionamento permaneceu o mesmo. Os líquidos produzidos, depois de sujeitos a grandes forças centrífugas causadas pela elevada velocidade de rotação do impulsor, perdem a sua energia cinética no difusor, onde ocorre uma conversão da energia cinética em energia de pressão. Este é o principal mecanismo de funcionamento das bombas de caudal radial e misto.

O eixo da bomba está ligado ao separador de gás ou ao protetor por um acoplamento mecânico na parte inferior da bomba. Quando os fluidos entram na bomba através de um filtro de admissão, são levantados pelas fases da bomba. Outras peças incluem as chumaceiras radiais (casquilhos) distribuídas ao longo do comprimento do veio que fornecem apoio radial ao veio da bomba que roda a altas velocidades de rotação. Uma chumaceira de impulso opcional absorve parte das forças axiais que surgem na bomba, mas a maior parte dessas forças é absorvida pela chumaceira de impulso do protetor.

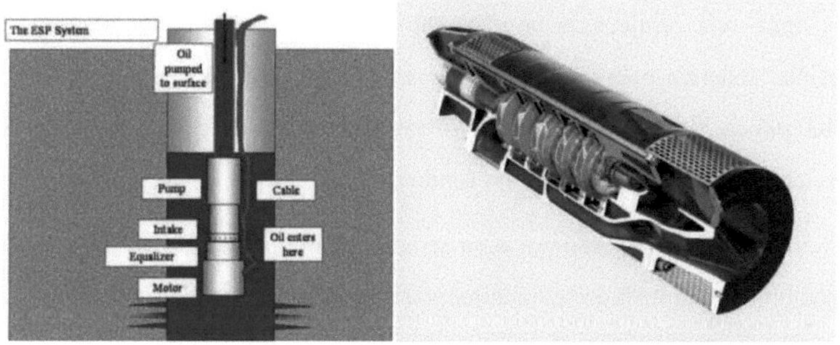

Figura n.º: 4.14 Secção de corte da bomba submersível

Utilização em poços de petróleo

As bombas submersíveis são utilizadas na produção de petróleo para proporcionar uma forma relativamente eficiente de "elevação artificial", capaz de funcionar numa vasta gama de caudais e profundidades. Ao diminuir a pressão no fundo do poço (baixando a pressão de fluxo no fundo do poço ou aumentando o caudal), é possível produzir significativamente mais petróleo a partir do poço em comparação com a produção natural, [carece de fontes] As bombas são normalmente alimentadas por eletricidade e designadas por bombas submersíveis eléctricas (ESP),

Os componentes de superfície incluem o controlador do motor (frequentemente um controlador de velocidade variável), os cabos de superfície e os transformadores. Os componentes de subsuperfície incluem normalmente a bomba, o motor, os cabos de vedação e um separador de gás,

A bomba em si é uma unidade de várias fases, sendo o número de fases determinado pelos requisitos de funcionamento. Cada fase é constituída por um impulsor e um difusor que direciona o fluxo para a fase seguinte da bomba,5 polegadas) a 254 mm (10 polegadas) e variam entre 1 metro (3 pés) e 8,7 metros (29 pés) de comprimento, O motor utilizado para acionar a bomba é tipicamente um motor de indução trifásico em gaiola de esquilo, com uma potência nominal entre 7,5 kW e 560 kW (a 60 Hz),

As novas variedades de ESP podem incluir um separador de água/óleo que permite que a água seja reinjectada no reservatório sem a necessidade de a elevar à superfície. Existem pelo menos 15 marcas de ESP utilizadas em todo o mundo. Até há pouco tempo, a instalação dos ESP era muito dispendiosa devido à necessidade de um cabo elétrico no fundo do poço,

O sistema ESP é constituído por uma série de componentes que fazem rodar uma série de bombas centrífugas para aumentar a pressão do fluido do poço e empurrá-lo para a superfície. A energia para fazer rodar a bomba provém de uma fonte de corrente alterna de alta tensão (3 a 5 kV) para acionar um motor especial que pode funcionar a temperaturas elevadas até 300° F (149° C) e a pressões elevadas até 5.000 psi (34 MPa), de poços profundos de até 12.000 pés (3,7 km) de profundidade com elevados requisitos de energia de até cerca de 1000 cavalos de potência (750 kW), os ESPs têm eficiências dramaticamente mais baixas com fracções significativas de gás, superiores a cerca de 10% do volume na entrada da bomba, Dada a sua elevada velocidade de rotação de até 4000 rpm (67 Hz) e folgas apertadas, não são muito tolerantes a sólidos como a areia.

Cabos: Cabos para bombas submersíveis: Cabos redondos e planos de 3 e 4 núcleos com isolamento em PVC e borracha Os cabos para bombas submersíveis são concebidos para utilização em solo húmido ou debaixo de água, com tipos especializados para as condições ambientais da bomba. Um cabo de bomba submersível é um produto especializado a ser utilizado para uma bomba submersível num poço profundo ou em condições igualmente adversas. O cabo necessário para este tipo de aplicação tem de ser durável e fiável, uma vez que o local e o ambiente de instalação podem ser extremamente restritivos e hostis. Como tal, o cabo para bombas submersíveis pode ser utilizado tanto em água doce como em água salgada. Também é adequado para enterramento direto e dentro de boas peças fundidas. A área de instalação de um cabo de bomba submersível é fisicamente restritiva. Os fabricantes de cabos devem ter em conta estes factores para alcançar o mais elevado grau de fiabilidade possível. O tamanho e a forma do cabo da bomba submersível podem variar consoante a utilização, a preferência e o instrumento de bombagem do instalador. Os cabos da bomba são fabricados com um ou vários condutores e podem ter uma secção transversal plana ou redonda; alguns tipos incluem fios de controlo, bem como condutores de energia para o motor da bomba. Os condutores são frequentemente codificados por cores para identificação e o revestimento geral do cabo também pode ser codificado por cores.

4.4.2Introdução da empresa n.º: 1

Jems Engineering.

É uma empresa de fabrico de bombas submersíveis com sede em Ahmedabad. É uma empresa com 10 anos de existência. Tem 15 trabalhadores.

Diferentes produtos das indústrias:

A Jems Engineering está principalmente associada ao fabrico de bombas submersíveis desde os últimos 10 anos. Inicialmente, a empresa dedicou-se à fundição do corpo da bomba e do impulsor, expandindo depois a sua atividade no domínio do fabrico de bombas. Os principais produtos da empresa são os seguintes:

1. **bomba submersível.**

Eles têm a ampla gama na bomba submersível. A empresa produz todo o modelo em execução, que tem maior demanda no mercado. Eles ofereceram a gama incomparável na série "V" para o cliente. Os principais modelos populares das bombas submersíveis são: Série V8, Série V7, Série V6, Série V5 e Série V4.

Figura N.º: 4.15 Diferentes séries de bombas submersíveis

2. Agricultural Mono Block Pump.

Figura n.º: 4.16 Bomba de bloco mono

Este produto é amplamente utilizado no sector agrícola para o fornecimento de água às culturas. Tem a capacidade de 0,5 HP a 5 HP.

3. bomba submersível de poço aberto:

Figura No: 4.17 Bomba submersível de poço aberto Este tipo de bomba é utilizado em poços abertos. Esta bomba levanta a água armazenada e bombeia-a para o local desejado. Tem uma gama diferente.

4. Bomba doméstica monobloco.

Figura N.º: 4.18 Bomba doméstica monobloco

Este tipo de bomba é utilizado para fins domésticos. Esta bomba eleva a água de um tanque subterrâneo para um tanque suspenso. É muito económica quando comparada com a bomba monobloco. Através do inquérito primário e da recolha de dados, foi possível saber que a empresa, com 15 trabalhadores e uma capacidade de produção de 250 bombas por mês, necessitava de um prazo de entrega de 5 dias para a fundição C.I. e para o fio de cobre e a estampagem. O principal problema relacionado com esta indústria é o inventário, necessitavam de um inventário de 20 dias para a produção regular. A empresa recebe encomendas por telefone, por correio eletrónico e, por vezes, verbalmente. A empresa tem quase 20 fornecedores e todos se encontram em Ahmedabad. A empresa faz o planeamento da produção de acordo com a ordem de compra. Todos os trabalhos são efectuados manualmente. A maquinação do componente é efectuada no torno mecânico e na máquina de perfuração. Todos os trabalhadores trabalham 8 horas por dia. Os trabalhadores trabalham 8 horas por dia. Utilizam gabaritos e fixações para fazer corresponder os componentes e também utilizam instrumentos de medição para controlar a qualidade dos produtos.

Componente principal da bomba submersível:

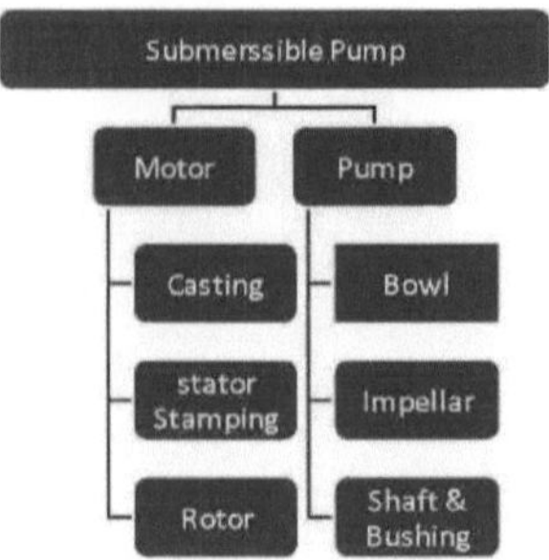

Figura N.º: 4.19 Componente da bomba submersível.

Fluxograma do processo para o motor:

Fundição

Figura n.º: 4.20 Fluxo do processo para o motor

Estampagem do estator: (dentro do tubo de aço inoxidável)

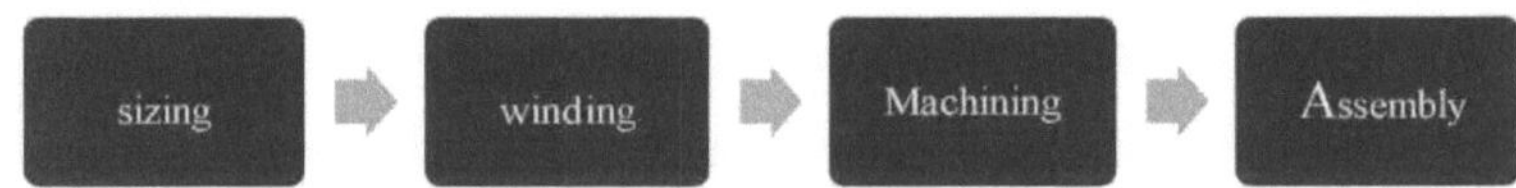

Figura No:4.21 Fluxo do processo de estampagem do estator

Rotor:

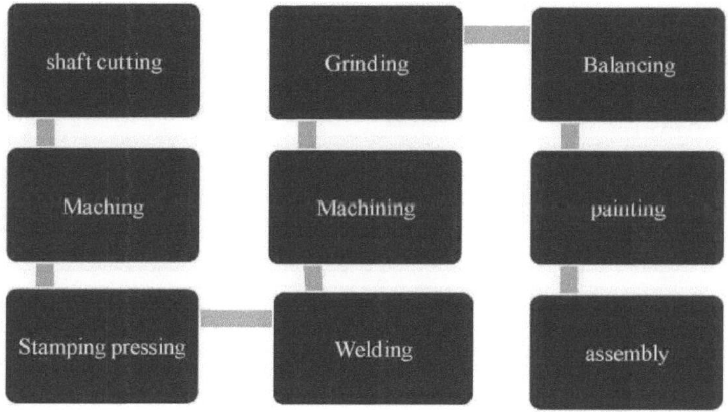

Figura N.º: 4.22 Fluxo do processo para o rotor

Processo efectuado na bomba:

Taça:

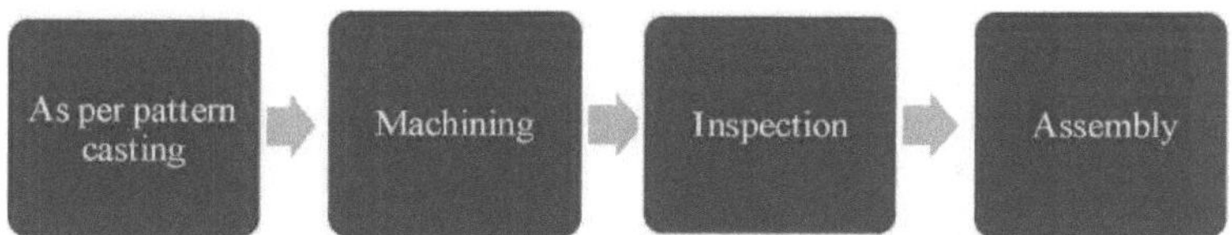

Figura n.º: 4.23 fluxo do processo para a taça

Impulsor

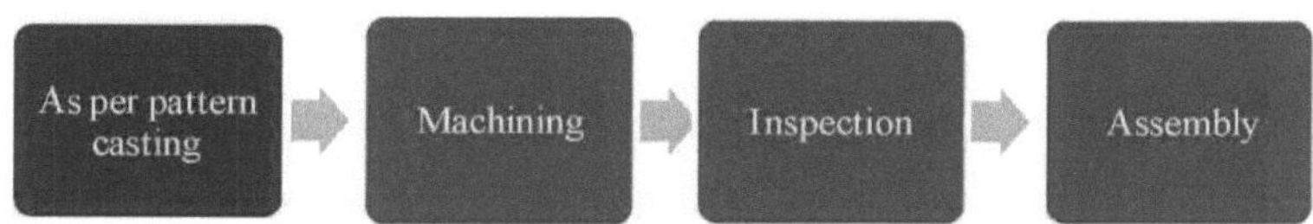

Figura n.º: 4.24 fluxo do processo para o impulsor

Eixo e casquilho:

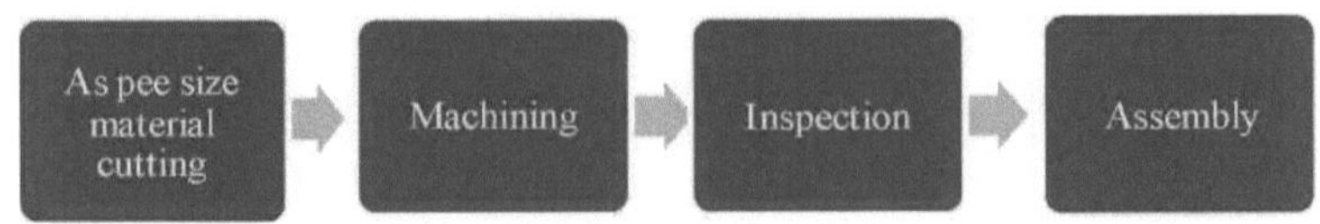

Figura n.º: 4.25 fluxo do processo para veios e casquilhos

Depois de fabricar todas as peças, individualmente, a maquinação e todas as operações são efectuadas no chão de fábrica. Após a usinagem e montagem da bomba e do motor individualmente, de acordo com a demanda do cliente ou de acordo com os dados padrão, o motor e a bomba tornam-se uma única unidade após a montagem, que é conhecida como bomba submersível no mercado comum. antes de despachar, a bomba passou pelo processo de teste e validou todos os parâmetros padrão de acordo com o tamanho da bomba. Se o teste estiver ok, então pronto para o envio após a embalagem adequada,

Outros produtos da jems Engineering.

A empresa iniciou a sua atividade com a fundição do corpo da bomba. Estão a fazer trabalhos para outras indústrias. Atualmente, produzem este produto para uso próprio, bem como para o antigo cliente estimado.

Fundição do corpo da bomba

Corpo da bomba fundido

Fundição do corpo da bomba submersível

Fundição do impulsor

Figura N.º: 4.26 Outros produtos da James Industries

4.4.3 Introdução da empresa n.º 2

Indústrias Salasar

Salasar industries é uma empresa com 5 anos de idade, sediada em Ahmedabad, que negoceia em bombas submersíveis. Tem 11 trabalhadores.

Diferentes produtos da empresa:

1. **bomba submersível**.

Eles têm a ampla gama na bomba submersível. A empresa produz todo o modelo em execução, que tem maior demanda no mercado. Eles ofereceram a gama incomparável na série "V" para o cliente. Os principais modelos populares das bombas submersíveis são: série V8, série V7, série V6, série v5 e série V4.

Figura No:4.27 Diferentes séries de bombas submersíveis (Salasar Industries)

2. Agricultural Mono Block Pump.

Figura No:4.28 Bomba monobloco agrícola (Salasar Industries)

Este produto é amplamente utilizado no sector agrícola para o fornecimento de água às culturas. Tem a capacidade de 0,5 HP a 5 HP.

3. bomba submersível de poço aberto:

Figura No:4.29 Bomba submersível de poço aberto (Salasar Industries)

Este tipo de bomba é utilizado num poço aberto. Esta bomba levanta a água armazenada e bombeia-a para o local desejado. Tem uma gama diferente.

4. Bomba doméstica monobloco.

Figura No:4.30 Bomba doméstica monobloco (Salasar Industries)

Este tipo de bomba é utilizado para fins domésticos. Esta bomba eleva a água de um tanque subterrâneo para um tanque suspenso. É muito económica em comparação com a bomba Monobloco.

A Salasar Industries comercializa os mesmos produtos da Jems Engineering, pelo que o processo de fabrico das bombas submersíveis permanece o mesmo, bem como os componentes e a montagem da bomba submersível.

Após o fabrico, foi efectuada a montagem individual do motor e da bomba. Em seguida, a montagem da bomba submersível foi testada em um equipamento de teste com os dados padrão de acordo com a norma indiana, decidida por Bauru of Indian Standard (BIS). Os ensaios foram efectuados de acordo com os dados normalizados e os requisitos reais do mercado.

4. 5Dados de ensaio da bomba submersível: (Exemplo)

Trata-se de dados normalizados e testados no laboratório EQDC de Gandhinagar, Gujarat.

Quadro n.º: 4.5 Dados do ensaio da bomba (exemplo)

Date :02/08/2016	Sr. No.:5 x 4 SU Motor 36 mtr	
Rated Speed:2800 RPM	Model/Type:EQDC 5 X 4 (9 MTR)	
Rated Current:10 AMP	Motor Rating:5.0/3.7 HP/kW	No. Of Stages:4
Rated Voltage:415 V	Bore Size:150 mm	Category: B
Delivery Size:65 mm	Rated Freq.:50 Hz	Connection:Star
Method ofStart:DOL	Phase:3-Phase	Head Range:27 to 39.6 M
----- DUTY POINT -- --		
Head (Hg) :36 MTR	Discharge (Qg):7.50 LPS	Overall Effie. (%):49.5 %

Parâmetros observados: Tabela No: 4.5 Dados do teste da bomba (Exemplo) Continuar...

Sr. No.	Gauge Distance (M)	Del. Gauge reading (M)	Disc. (l/m)	Volt (V)	Current (A)			W. Meter Reading Watt (W)	Freq. (Hz)	Obv. Speed (RPM)
					R	Y	B			
1	1.53	2.60	822.6	414	10.840	10.540	9.550	5615	50.10	2886
2	1.53	21.10	667.2	420	11.090	10.800	9.740	5834	50.11	2881
3	1.53	24.80	622.2	412	11.030	10.810	9.740	5809	50.13	2880
4	1.53	28.50	576.6	415	11.030	10.680	9.670	5762	50.11	2880
5	1.53	31.90	516.6	412	10.790	10.420	9.520	5590	50.06	2881
6	1.53	34.30	470.4	411	10.550	10.210	9.260	5405	50.06	2884
7	1.53	36.20	426.6	413	10.370	10.060	9.050	5268	50.06	2890
8	1.53	45.80	0.0	415	8.100	8.000	6.880	3333	50.05	2906

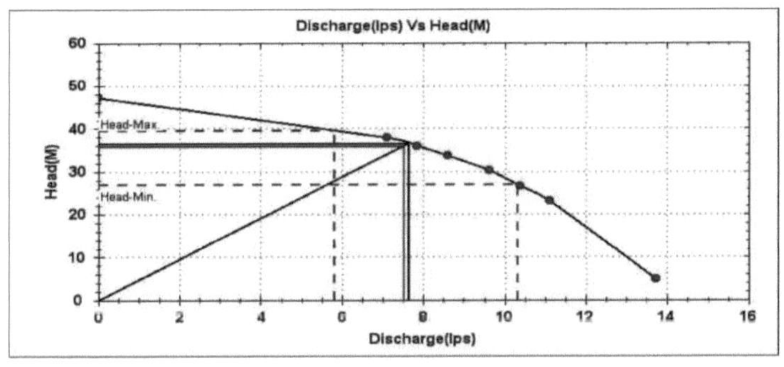

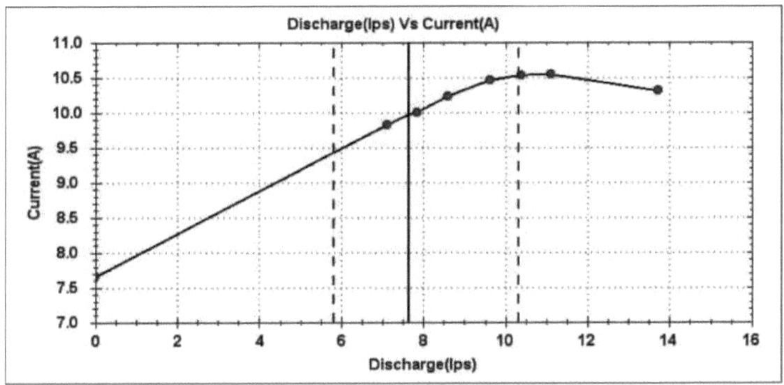

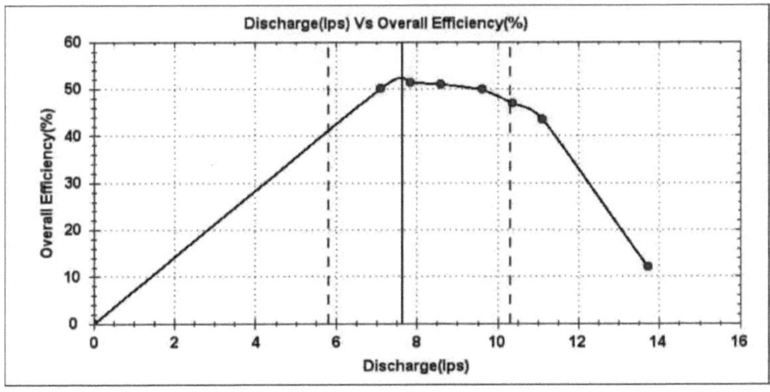

Gráfico No: 4.1 Parâmetros de ensaio diferentes da bomba submersível

Tabela No:4.6 Resultados dos ensaios de bombas em laboratório.

DECLARED VALUES		OBSERVED VALUES		CONCLUSION
Discharge	7.50 LPS	Discharge	7.62 LPS	Confirms to H and Q Requirement.
Overall Effi.	49.5 %	Overall Effi.	50.99 %	Confirms to Maximum Current Requirement.
Current Head	10 AMP	Current Head	10.46 AMP	Confirms to Overall Efficiency Requirement.
	36 MTR		36.58MTR	

Procedimento de ensaio:

Alterar a montagem, na plataforma de teste, toda a estrutura foi submersa na água e, de acordo com o padrão indiano, os diferentes parâmetros foram testados na plataforma de teste, como Amp, descarga de água, cabeça de água, eficiência geral da bomba.

Deve ser cumprida de acordo com o BIS, depois de cumprida a condição de o conjunto da bomba ter sido pintado e depois de ir para a embalagem e depois alterar para o envio.

Parâmetro a considerar durante o teste:

Figura No:4.31 Procedimento de ensaio

4.6Problemas encontrados em ambas as empresas:

1. uilização do espaço não correta

2. inventário elevado

3 . encomenda pendente, entrega tardia, pedido urgente de material

4 . Mão de obra elevada devido ao retrabalho 5. Retrabalho.

Tabela No: 4.7Exemplo de teste de bomba: (Jems Engineering)

	JEMS ENGINEERING
	B-144, MARUTI IND ESTATE NARODA ROAD AHMEDABAD

Name Plate Data :

Date : 02/08/2016	Sr. No. : 5 x 4 SU Motor 36 mtr	
Rated Speed : 2000 RPM	Model/Type : EQDC 5 X 4 (9 MTR)	
Rated Current : 10 AMP	Motor Rating : 5.0/3.7 HP/kW	No. Of Stages : 4
Rated Voltage : 415 V	Bore Size : 150 mm	Catagory : B
Delivery Size : 65 mm	Rated Freq. : 50 Hz	Connection : Star
Method Of Start : DOL	Phase : 3-Phase	Head Range : 27 to 39.6 M
----- DUTY POINT ----		
Head (Hg) : 36 MTR	Discharge (Qg) : 7.50 LPS	Overall Effi. (%) : 49.5 %

Observed Parameters :

Sr. No.	Gauge Distance (M)	Del. Gauge reading (M)	Disc. (l/m)	Volt (V)	Current (A)			W. Meter Reading Watt (W)	Freq. (Hz)	Obv. Speed (RPM)
					R	Y	B			
1	1.53	2.60	822.6	414	10.840	10.540	9.550	5615	50.10	2886
2	1.53	21.10	667.2	420	11.090	10.800	9.740	5834	50.11	2881
3	1.53	24.80	622.2	412	11.030	10.810	9.740	5809	50.13	2880
4	1.53	28.50	576.6	415	11.030	10.680	9.670	5762	50.11	2880
5	1.53	31.90	516.6	412	10.790	10.420	9.520	5590	50.06	2881
6	1.53	34.30	470.4	411	10.550	10.210	9.260	5405	50.06	2884
7	1.53	36.20	426.6	413	10.370	10.060	9.050	5268	50.06	2890
8	1.53	45.80	0.0	415	8.100	8.000	6.880	3333	50.05	2906

Corrected Parameters :

Sr. No.	Vel. Head Corr. (M)	Total Head (M)	Disc. (lps)	Current (AMP)	Motor Input (kW)	Performance Corrected @ Rated Freq.				Overall Effi. (%)	Pump Out (kW)
						H (M)	Q(lps)	IP (kW)	RPM		
1	0.87	5.00	13.71	10.310	5.62	4.98	13.68	5.59	2880	11.96	0.67
2	0.57	23.20	11.12	10.540	5.83	23.10	11.10	5.79	2875	43.40	2.51
3	0.50	26.83	10.37	10.530	5.81	26.69	10.34	5.76	2873	46.96	2.71
4	0.43	30.46	9.61	10.460	5.76	30.33	9.59	5.72	2874	49.84	2.85
5	0.34	33.77	8.61	10.240	5.59	33.69	8.60	5.57	2878	51.01	2.84
6	0.28	36.11	7.84	10.010	5.41	36.02	7.83	5.39	2881	51.32	2.77
7	0.23	37.96	7.11	9.830	5.27	37.87	7.10	5.25	2887	50.22	2.64
8	0.00	47.33	0.00	7.660	3.33	47.24	0.00	3.32	2903	0.00	0.00

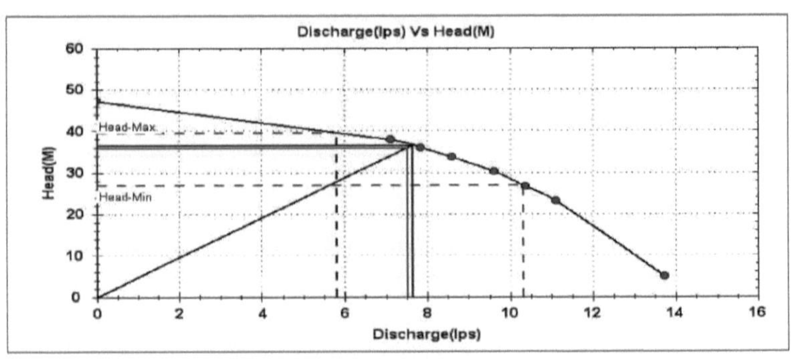

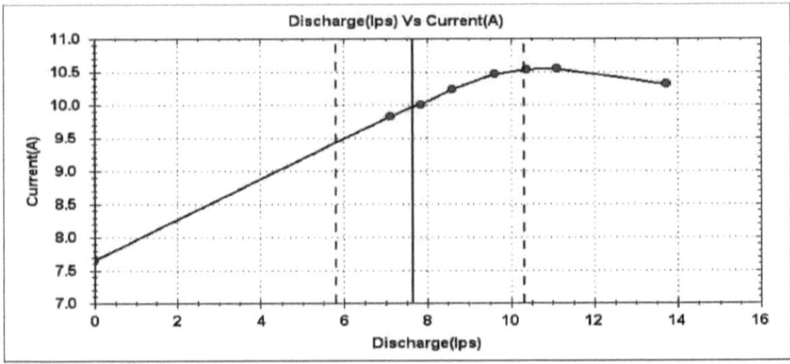

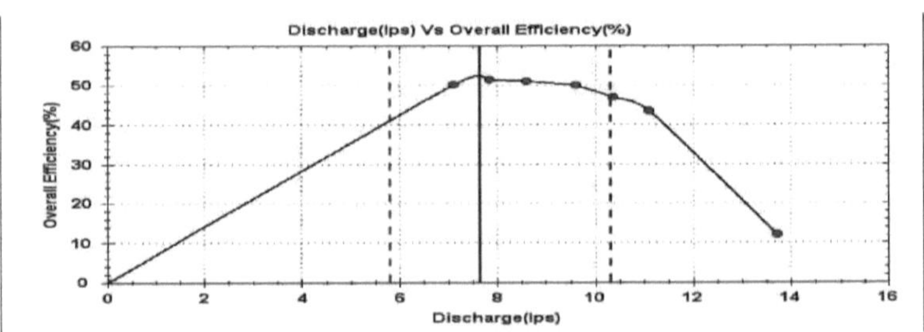

Conclusion (As Per Graph) :

DECLARED VALUES		OBSERVED VALUES		CONCLUSION
Discharge	7.50 LPS	Discharge	7.62 LPS	Confirms to H and Q Requirement.
Overall Effi.	49.5 %	Overall Effi.	50.99 %	Confirms to Maximum Current Requirement.
Current	10 AMP	Current	10.46 AMP	
Head	36 MTR	Head	36.58MTR	Confirms to Overall Efficiency Requirement.

Gráfico No: 4.2 Teste dos parâmetros da bomba (Jems Engineering)

CAPÍTULO 5

RESULTADOS E DISCUSSÃO

No capítulo 4, apresentamos a introdução do produto e também apresentamos duas empresas de fabrico de submersíveis com parâmetros de teste. Neste capítulo, discutimos os problemas encontrados nas indústrias mencionadas e a metodologia aplicada para resolver os problemas.

5.1METODOLOGIA :

Primeira etapa: Recolha de dados

A tarefa principal é identificar os dados necessários que podem ajudar a compreender o processo. Uma vez determinadas as fontes corretas e os níveis de precisão dos dados, a tarefa seguinte é identificar o método de recolha dos dados necessários. Esta investigação exploratória empreendida implementa um método misto de dados quantitativos e qualitativos, incluindo:

Foram efectuadas entrevistas aos operadores da linha de produção, ao supervisor e ao gestor de produção. Os dados obtidos foram utilizados para desenvolver os elementos e validar os resultados obtidos.

Os seguintes dados são necessários para determinar as diferentes propriedades associadas a cada área de trabalho.

a) Tempo de ciclo de cada área de trabalho,

b) Capacidade de cada tampão ou zona de armazenagem,

c) Tamanho do lote ou número de repetições/mês para a área de trabalho,

d) O tempo de funcionamento efetivo

e) % de retrabalho em todas as zonas de trabalho,

1) % de resíduos associados a cada área de trabalho,

g) Número de avarias por mês,

h) Tempo médio de reparação (MTTR) para cada área de trabalho, ou seja, o período de tempo necessário para que a área de trabalho fique parada (Khalil 2004), e

i) Tempo médio até à falha (MTTF) para cada área de trabalho, ou seja, a frequência das paragens do equipamento ou das avarias que provocam a paragem da produção.

Etapa 2: Identificação das medidas de desempenho.

Como já foi referido, para que a jornada de mudança lean seja bem sucedida, é necessário identificar as medidas de desempenho corretas que dão um feedback positivo imediato. A medição do desempenho é uma ferramenta que pode informar se o sistema está no caminho certo para atingir os objectivos ou não. Foram escolhidos três parâmetros como medidas de desempenho para a indústria cimenteira; estes parâmetros são

1-Tempos de ciclo :

Com base no trabalho de (Browning, 1998), o tempo de ciclo é um dos elementos mais essenciais em qualquer organização. Qualquer redução do tempo de ciclo contribui para melhorar o quadro geral, aumentando a satisfação do cliente, reduzindo os custos de produção e proporcionando vantagens competitivas fundamentais. A redução do tempo de ciclo pode ser obtida através da eliminação ou minimização de todos os tipos de desperdícios e actividades sem valor acrescentado dentro de um determinado sistema (Jones etal, 1999),

- Para a bomba jems são necessários 15 dias para completar os 100 números do tamanho do lote. Eles exigem 5 dias como tempo de espera. 8Hrs/dia de tempo de turno.
- Para as Indústrias Salasar, são necessários 13 dias para completar os 100 números do tamanho do lote. Eles exigem 4 dias como tempo de espera. 10 Hrs/dia de tempo de turno.

2-Utilização de equipamentos :

A utilização da máquina pode ser definida como a quantidade de tempo gasto em actividades produtivas versus o tempo disponível para a máquina realizar um trabalho. Por conseguinte, a eliminação ou minimização dos desperdícios do sistema é um elemento essencial para aumentar a utilização do equipamento (Jambekar, 2000). Lee et al (1994) identificaram a utilização do equipamento como:

$$\%\boldsymbol{Utilation} = \left(\frac{\text{Available Time} - \text{Unused Time}}{\text{Available Time}}\right) * 100$$

Para a Jems Engineering:

8hrs⁄dia, portanto 8X60=480 minutos X 25 dias=12000 minutos

Todos os dias, 30 minutos para o almoço e 15 minutos para o chá, pelo que 45 minutosX25dias=1125 minutos

5 dias são de férias, pelo que 480 minutos X 5 dias=2400 + 1125= 3525 minutos não utilizados.

A partir da observação, verificamos que cada 2 dias são gastos em manutenção, pelo que 480X2=960

Tempo total não utilizado 3525+960=4485 min

$$\%\boldsymbol{Utilation} = \left(\frac{\mathbf{12000 - 44855}}{\mathbf{12000}}\right) * \mathbf{100}$$

=62.62%

Para a Salasar Industries:

10 Hrs⁄dia=600 minutos X25 dias=15000 minutos Disponível

5 dias são de férias, pelo que 600X5=3000+1125=4125 minutos não utilizados.

Observa-se que o tempo médio de inatividade da máquina é de 15 horas. Assim, 15X60=900 minutos

Tempo total não utilizado: 4125+900=5025 minutos.

$$\%Utilation = \left(\frac{15000 - 5025}{15000}\right) * 100$$

$$=66.50\%$$

3. Cálculo do tempo total de produção:

$$\text{Total production Time(TPT)} = \frac{\text{work time per day}}{\text{Number of Unit}}$$

Para lotes de 100 n.ºs:

Jems Engineering 15 dias de tempo de fabrico + 5 dias de prazo de entrega=20 dias X480 minutos =9600 minutos

$$\text{Total production Time(TPT)} = \frac{\text{work time per day}}{\text{Number of Unit}}$$

=9600/100= 96 minutes

Indústrias Salasar: 13 dias de tempo de fabrico + 4 dias de tempo de espera=17 dias X 600 minutos = 10200

$$\text{Total production Time(TPT)} = \frac{\text{work time per day}}{\text{Number of Unit}}$$

=10200/100=102 Minutes.

Etapa:3 Redução das existências e do prazo de entrega: (implementação do JIT)

A entrevista com a direção permitiu saber que a maior parte dos fornecedores está sediada em Ahmedabad. Os fornecedores desempenham um papel importante no sucesso do lean manufacturing e a sua integração na empresa conduz a uma melhoria contínua. Por conseguinte, um bom desenvolvimento dos fornecedores é o primeiro requisito para a aplicação do sistema Lean. O desenvolvimento dos fornecedores inclui a análise da história e a projeção futura da indústria

A filosofia JIT teve origem na indústria automóvel japonesa. Após a Segunda Guerra Mundial, o Japão, em reconstrução, tinha um mercado automóvel interno demasiado pequeno para uma aplicação eficaz dos princípios de organização do trabalho do fordismo: isto levou os fabricantes japoneses, incluindo a Toyota, a conceber e desenvolver um sistema diferente de planeamento tático dos fluxos de produção, que era mais eficaz na produção de pequenos e médios lotes. Este sistema, aplicado na Toyota já nos anos cinquenta, mostrou a sua verdadeira eficácia operacional durante a crise petrolífera de 1973, quando, entre todas as empresas, apenas a Toyota conseguiu obter lucros. Um raciocínio claro para esta filosofia mostrou que o JIT é um sistema especialmente eficaz para a diversificação da produção, através da gestão de fluxos (Ohno 1988).

Nesta filosofia, o Kanban (ou "tag order") é a ferramenta operacional quando se pretende gerir a movimentação de componentes e materiais entre os centros da linha: o planeamento e o controlo destes movimentos são a lógica prática JIT. Kanban não é a única palavra-chave da lógica JIT: está também associada a outros termos, como "kaizen", ou melhoria contínua, e "círculos de qualidade", ou grupos de funcionários envolvidos no controlo contínuo da produção, por eles próprios implementados. A abordagem JIT foi também designada por Hall (1983) como "zero inventários". Assim, esta análise centra-se agora nesta "famosa" caraterística do JIT: a redução das existências. Reduzir o inventário, no entanto, é uma melhoria real se entender quais são as verdadeiras razões para a acumulação, lembrando que as acumulações são de diferentes tipos. Os mais citados são o "inventário de ciclo", devido aos atrasos de preparação e, no caso das matérias-primas, ao tempo de entrega. Para reduzir stocks deste tipo, é necessário reduzir o tempo de preparação: não se trata apenas de um problema de gestão, mas também tecnológico, uma vez que pode resultar em alterações às operações a realizar no centro de trabalho. É certo que a redução do set-up reduz os lotes de produção, com benefícios no WIP e no lead time. Um outro fator de criação de stocks é o atraso na presença de peças defeituosas: é um princípio básico do JIT que o WIP e a melhoria dos objectivos de qualidade estão ligados. No que se refere às existências de emergência, particularmente significativas no caso das matérias-primas, estas só são contidas em face de acordos específicos com os fornecedores: é uma boa regra do sistema de produção JIT gerir as entregas de um fornecedor respeitável e, possivelmente, depósitos localizados nas proximidades da empresa cliente. Tal acordo torna mais seguro acordar entregas periódicas, menores custos de aquisição e transporte, lotes mais pequenos em cada entrega,

permitindo reduzir as existências. Um raciocínio semelhante aplica-se aos stocks em linha: neste caso, o problema a resolver é a coordenação entre as várias fases da linha, pelo que se pode utilizar a transferência de pequenos lotes. A principal regra para reduzir o inventário é, portanto, a redução dos lotes e, sobretudo, manter uma produção tão constante quanto possível (menciona a palavra "nivelamento" ou suavização da produção). A ação-chave é a redução do tempo de preparação, como pode ser entendido a partir de um exemplo simples descrito por Brandimarte etal (1995) eDe Toni et al. (2013).

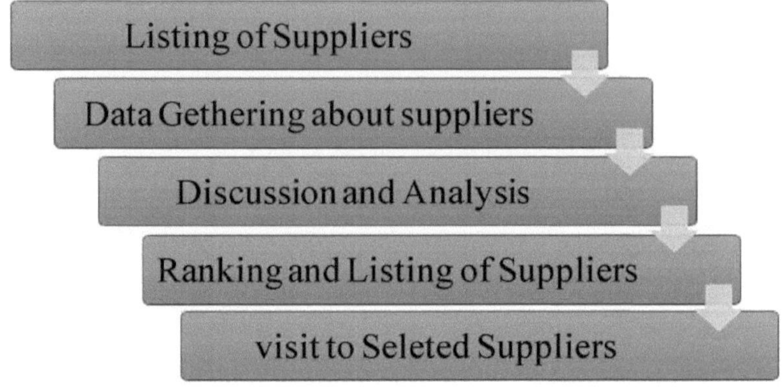

FiguraNo:5.1 Diagrama de fluxo para o desenvolvimento do fornecedor e aplicação do JIT

O diagrama de fluxo acima mostra a metodologia de desenvolvimento de fornecedores optimizados. Foi feita uma listagem de todos os dados relevantes sobre os fornecedores existentes nos últimos dois anos. Com a ajuda de dados industriais, foram também gerados os pormenores dos potenciais futuros fornecedores. Na reunião formal com o departamento de compras, o departamento de produção e a direção, procedeu-se a uma discussão para classificar os fornecedores com base na entrega atempada na quantidade e qualidade corretas, na competitividade dos preços e na fiabilidade. Com base na classificação, os quatro principais fornecedores de cada item comprado foram listados para desenvolvimento posterior. Visita direta da equipa da indústria aos fornecedores listados para garantir o desenvolvimento lean nas instalações dos fornecedores.

O fornecedor melhor classificado é afetado ao sistema de inventário mantido pelo fornecedor. Os fornecedores controlam eles próprios o nível de stock de acordo com os requisitos. A sincronização de todos os pormenores relativos aos requisitos é feita diariamente, com um dia de antecedência, com o departamento de compras e os fornecedores. O fornecimento é sincronizado com a procura de produção e a quantidade ideal de inventário está disponível em qualquer altura. A metodologia JIT aplica-se a esta tarefa.

Quadro n.º: 5.1Relatório de análise pormenorizada para o desenvolvimento do fornecedor

Sr.No.	Supplier identy	Average percentage of timely delivery	Average % of proper quntity of delivery	Average of % of acceptance	Average of All Paramenters	Rank
1	A1	96	91	90	92.33	3
2	A2	92	88	91	90.33	4
3	A3	91	86	94	90.33	4
4	A4	89	90	96	91.66	5
5	A5	97	99	97	97.66	1
6	A6	93	94	91	92.66	2
7	B1	95	92	90	92.33	4
8	B2	89	100	92	93.66	2
9	B3	91	93	92	92	5
10	B4	98	90	94	94	1
11	B5	94	91	94	93	3
12	B6	91	90	89	90	6
13	C1	90	98	100	99.33	1
14	C2	93	94	91	92.66	3
15	C3	80	98	89	89	4
16	C4	99	97	97	97.66	2
17	C5	94	92	78	88	5

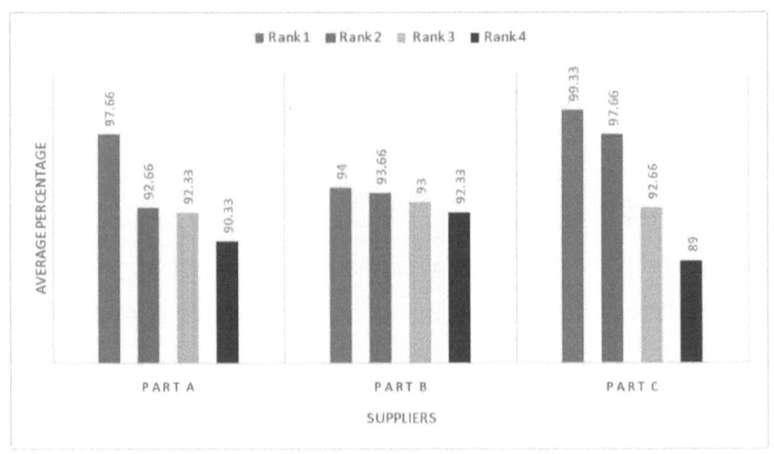

Gráfico nº: 5.1 Relatório de análise do desenvolvimento do fornecedor

Passo:4 implementação do 5S

O primeiro elemento dos 5s é a ordenação. Uma boa limpeza começa por separar os artigos importantes dos que não são relevantes para a área de trabalho. Este elemento é aplicável em toda a empresa e nas três partes e na área de embalagem. Na unidade de embalagem, estão incluídas caixas de cartão canelado, fitas de plástico e tiras de plástico. O mesmo se aplica ao fabrico, onde se encontram gabaritos e acessórios danificados, matérias-primas rejeitadas, resíduos de varas de soldadura usadas e ferramentas desnecessárias. Uma mercadoria começa por se livrar de tudo o que não vai ser utilizado nos próximos 30 dias. É colocada uma etiqueta amarela nos artigos desnecessários. Cada etiqueta tem um número, o departamento a que pertence, a data e o motivo da etiquetagem

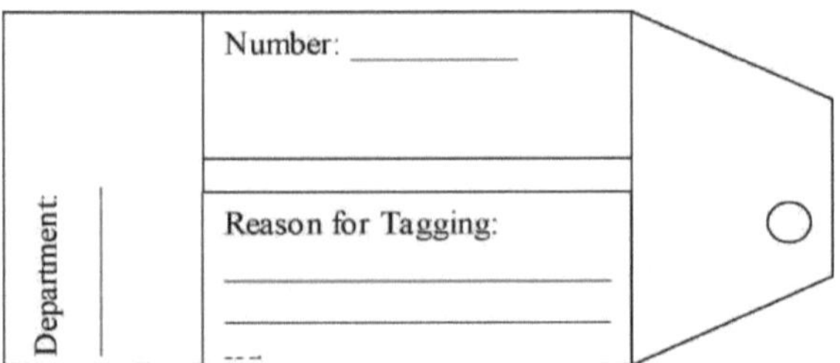

Figura N.º: 5.2 Exemplo de etiqueta vermelha

Se houver dúvidas sobre a necessidade ou não de algum artigo, deve ser-lhe colocada uma etiqueta amarela. No final da etiquetagem, os trabalhos na empresa devem determinar se estes artigos devem ser removidos para outro local, levados para a oficina de fabrico ou para a área de expedição. Deve ser criada uma área de descarga para os artigos que têm de ser removidos. Por exemplo, os gabaritos e acessórios danificados devem ir para a área de descarga ou ser enviados para a oficina de fabrico.

O segundo elemento do 5s é o endireitar. A arrumação implica ter ordem no local de trabalho e menos congestionamento para que todas as actividades possam ser realizadas livremente e com o mínimo de tempo. Depois de todos os itens indesejados serem movidos, o próximo passo é organizar os itens que são necessários da melhor maneira possível. Em primeiro lugar, ferramentas, gabaritos e acessórios, matérias-primas, produtos semi-acabados e acabados e material de embalagem devem ter uma área bem definida e designada para a sua colocação. Esta área deve estar ao alcance dos trabalhos para que os artigos estejam disponíveis quando necessário, e deve ser claramente delineada pintando um retângulo à sua volta. Os artigos que têm um local de armazenamento designado devem ser etiquetados com o nome e um endereço de retorno para que possam ser devolvidos ao local correto. O mesmo se aplica à área dos reflectores. Todas as matérias-primas devem ser etiquetadas com o nome, para que cada trabalhador possa identificar a matéria-prima necessária para o fabrico da massa. No que diz respeito às ferramentas, gabaritos e acessórios necessários para o fabrico, estes devem ser colocados numa área próxima da oficina de fabrico para minimizar os movimentos e acelerar o trabalho. Deve ser designada uma área com um código de cores para estes itens, de modo a que, após a utilização, cada um possa ser colocado no seu devido lugar.

Uma vez colocados os objectos, as ferramentas e os acessórios na posição correta, o passo seguinte é a limpeza do local de trabalho. Sustentar (Sweep) é o terceiro elemento de s. Tem a ver com a limpeza do ambiente de trabalho de modo a sustentar a melhoria. A limpeza inclui coisas como máquinas-ferramentas, gabaritos, acessórios, pavimentos, área de escritório, computador e paredes. A sujidade, o óleo e as manchas devem ser limpos das máquinas. A área onde foram retirados os objectos com etiquetas amarelas deve ser limpa. Quando visitámos a área de fabrico de reflectores da empresa SMCPL, esta parecia muito poeirenta. Por isso, as paredes, o chão, as misturas, o equipamento de transporte, a prensa hidráulica, as matrizes e as unidades de aquecimento das matrizes são os grandes alvos da limpeza. A limpeza deve ser efectuada diariamente. A limpeza dos gabaritos e dos acessórios permite identificar as fontes de mau funcionamento, como porcas soltas, variações de ângulo e de posição, e tomar medidas imediatas para resolver estes problemas. A responsabilidade pela limpeza deve ser atribuída a diferentes trabalhadores para que a limpeza seja um trabalho de equipa. Para evitar que a sujidade entre nas ferramentas, nas máquinas-ferramentas, nos gabaritos e nos dispositivos, podem ser tomadas medidas simples, como a cobertura de todos os artigos e mesas, para facilitar a remoção da sujidade.

O quarto elemento dos 5s é Sistematizar. Sistematizar significa trabalho contínuo nos três pilares anteriores dos 5s. Os esforços Kaizen no local de trabalho não terminam se tiverem sido implementados uma ou duas vezes. Pelo contrário, trata-se de esforços contínuos. Deve ser estabelecido um procedimento para garantir que os trabalhadores trabalham de forma ordenada, limpa e brilhante. É fácil realizar actividades kaizen no local de trabalho uma vez e observar as melhorias. No entanto, para manter a melhoria, esta deve ser efectuada de forma consistente. Caso contrário, tudo voltará a ser o que era antes. Como é que isso pode ser feito na SMCPL? Uma equipa de três pessoas pode ser destacada para a área de fabrico, a área de fabrico de reflectores, a área de alimentação e a área de embalagem para realizar auditorias quinzenais para verificar se todas as iniciativas 5s estão a ser seguidas. No arranque de uma nova iniciativa, é sempre difícil obter resultados corretos; por isso, é importante desenvolver uma lista de verificação ou uma folha de tarefas para acompanhar estas actividades.

O último elemento é o Standardize. Padronizar significa manter e respeitar os padrões dos 5s. Os gestores devem estabelecer padrões e fazer com que toda a gente os siga. Por exemplo, um grupo de duas ou três pessoas pode ser responsável pela execução da lista de verificação, duas outras são responsáveis pela limpeza e triagem, e duas outras são responsáveis pela triagem. O 5s não promove a adição de pessoas ao chão de fábrica, mas é necessário que os trabalhadores existentes em cada área executem esta tarefa e tornem a prática das ferramentas 5s um hábito. Além disso, para ver as melhorias, as pessoas da SMCPL devem ser encorajadas a tirar fotografias antes e depois que reconheçam a diferença e proporcionem mais motivação.

5S Explanation

Sort	Set in Order	Shine	Standardize	Sustain
When in doubt, move it out — Red Tag technique	A place for everything and everything in its place	Clean and inspect or inspect through cleaning	Make up the rules, follow and enforce them	Part of daily work and it becomes a habit

Figura n.º: 5.3 5s Explicação

Fotografia nas indústrias Salasar e jems engineering

Antes do LeanDepois do Lean

Figura 5.4 Fotografia de antes e depois do método "lean

Quadro n.º: 5.25s Lista de controlo de auditoria - exemplo (Baseado em EJ.Sweeny, 2003)

Date:		Target Area: Shop Floor	
5s Elements	Initiative	score	tes for next level)rovement.
Sort	1. Necessary items are sorted from unnecessary	2	
	2. Discharge area is defined.	2	
	3. Unwanted items are moved to discharge area.	2	
Simplifying (straighten)	4. Items are organized to permit easy access of material and tools	3	
	5. An access system is in place with labels and color code to identify	3	
	6. Proper position of tools, materials and objects	3	
	7. Material or objects are always in their designated position.	3	
Sweeping (Scrub)	8. Tools, jig & fixture and Die are well maintained and clean.	3	
	9. Walls, floors, working area are shiny and stainless	2	
	10. Actions have been developed to remove source of wastes.	3	
Sustaining	11. Procedures are set to work on sort, straighten and scrub.	2	
	12. 5s is run on daily basis.	3	

Standardize	13. Working environment is healthy and pleasant	3	
	14. Standards are set and followed.	3	
	15. Goals of 5s have been achieved.	3	
	Total score:	40	Divided by 15=average score. =2.6

1= pouco aparente (<20%) 2= cumpre os requisitos mínimos dos 5s (40%) 3= cumpre vários requisitos (60%) 4= cumpre a maioria dos requisitos dos 5s (80%)

5= cumpre os 5s

(100%)

Passo:5 Inspeção visual:

Sensibilização para o sistema Lean e para a ferramenta Lean

1. pelo cartaz, apresentação em ambas as indústrias.

Em primeiro lugar, foi organizada uma reunião com todo o pessoal, incluindo trabalhadores e supervisores, e foi-lhes dada uma breve ideia sobre o sistema de produção enxuta e o sistema de produção enxuta. Após a reunião, foi organizada uma ronda de perguntas e respostas para que pudessem esclarecer as suas dúvidas e compreender facilmente o objetivo do sistema enxuto e as vantagens do sistema de produção enxuta. Foram apresentados diferentes tipos de cartazes no chão de fábrica da empresa para que os trabalhadores e os supervisores os vissem a toda a hora e reflectissem sobre o sistema Lean e eliminassem os diferentes tipos de desperdício.

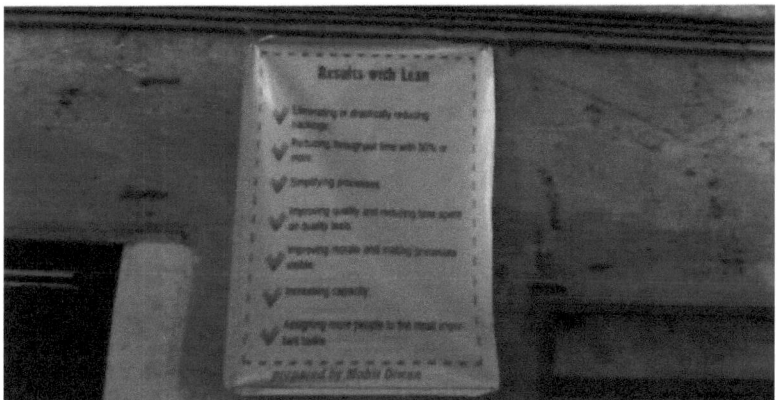

Figura 5.5Foto de apresentação do cartaz

2. colocando o Conselho de Administração a par dos objectivos mensais e das necessidades urgentes.

Para uma melhor compreensão da procura atual por parte de todos os membros do pessoal e dos trabalhos considerados urgentes, colocamos um quadro branco com toda a informação, como o objetivo mensal, os requisitos urgentes, os detalhes de retrabalho e de rejeição para cada membro do pessoal. Ao partilhar a informação adequada com o pessoal, este fica sensibilizado e implementa o sistema Lean no seu trabalho para minimizar os desperdícios.

Figura 5.6 Fotografia de um quadro branco para as necessidades urgentes e o

objetivo mensal.

3. utilização da área espacial: Inicialmente, observa-se que todos os materiais não estão dispostos de forma correta, pelo que a maior parte do espaço não é utilizada e a área de trabalho é demasiado pequena. Ao organizar todos os materiais e utilizar a ferramenta 5s Lean. A área de rejeição não existe em ambas as fábricas, pelo que um canto é utilizado como zona de rejeição. Separação da zona de rejeição e de retrabalho.

Figura No:5.7 foto da utilização do espaço após Lean.

Figura 5.8 Fotografia da inspeção visual

Ao aplicar toda a metodologia acima referida e a ferramenta Lean, estamos a obter bons resultados. Todas as ferramentas estão a ser aplicadas em ambas as indústrias de outubro de 2016 a fevereiro de 2017. O nosso principal objetivo é resolver o problema que foi enfrentado por ambas as indústrias.

5.2 RESULTADOS:

5.2.11. aumento do tempo total de produção:

Ao aplicar o sistema JIT para a seleção de fornecedores, podemos reduzir o tempo de espera de 5 dias para 1 dia em ambas as indústrias. Assim, a redução do tempo de ciclo foi efectuada e a produção aumentou. Com a utilização do sistema 5s e da inspeção visual, o lote de 100 números de bombas submersíveis foi reduzido para

Jems Engineering:

Novo tempo de trabalho disponível= Tempo de execução + Tempo de ciclo

=2 dias +13 dias= total 15 dias X 480=7200 minutos

$$\text{Total production Time(TPT)} = \frac{\text{work time per day}}{\text{Number of Unit}}$$

=7200/100

Novo Tempo total de produção =72 minutos

Aplicando as ferramentas Lean, podemos reduzir 25% do tempo total de produção

Indústrias Salasar:

Novo tempo de trabalho disponível= Tempo de execução + Tempo de ciclo

=2 dias +12 dias= total 14 dias X 600=8400 minutos

$$\text{Total production Time(TPT)} = \frac{\text{work time per day}}{\text{Number of Unit}}$$

=8400/100

Novo Tempo total de produção =84 minutos

Aplicando as ferramentas Lean, podemos reduzir os 17,64% do tempo total de produção

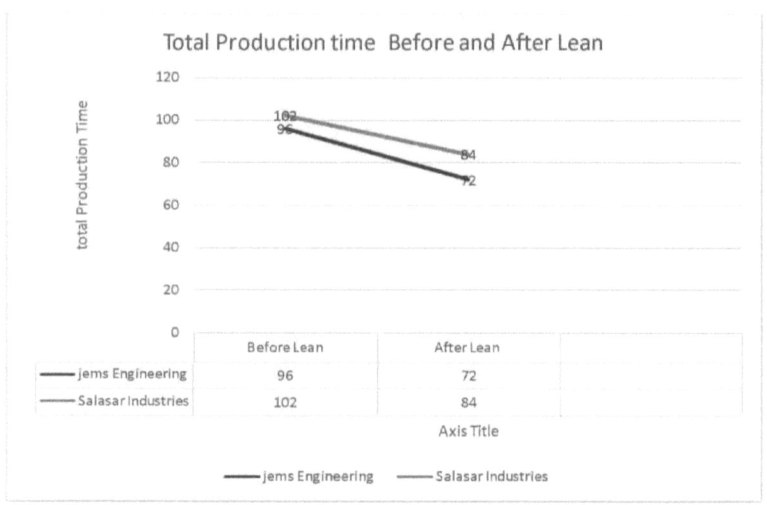

Gráfico n.º: 5.2 Tempo total de produção antes do Lean e depois do Lean

5.2.12. Aumento da utilização dos equipamentos:

A utilização da máquina pode ser definida como a quantidade de tempo gasto em actividades produtivas versus o tempo disponível para a máquina realizar um trabalho. Por conseguinte, a eliminação ou minimização dos desperdícios do sistema é um elemento essencial para aumentar a utilização do equipamento

(Jambekar, 2000). Lee et al (1994) identificaram a utilização do equipamento como:

$$\%\boldsymbol{Utilation} = \frac{\text{Available Time} - \text{Unused Time}}{\text{Available Time}} * 100$$

- **Para a Jems Engineering:**

  8hrs⁄dia, pelo que 8X60=480 minutos X 25 dias=12000 minutos

  Todos os dias, 30 minutos para o almoço e 15 minutos para o chá, pelo que 45 minutosX25dias=1125 minutos

  5 dias são de férias, pelo que 480 minutos X 5 dias=2400 + 1125= 3525 minutos não utilizados.

Aplicando as ferramentas Lean, podemos reduzir o tempo de paragem da máquina em 90 minutos, evitando a manutenção e fazendo a manutenção nas férias.

Total unused time 3525+90=3615 min

$$\%Utilation = \left(\frac{12000 - 3615}{12000}\right) * 100$$

=69.87%

Podemos aumentar a utilização da máquina em 7,25%

- **Para a Salasar Industries:**

10Hrs/dia=600 minutos X25 dias=15000 minutos Disponíveis 5 dias são de férias por isso 600X5=3000+1125=4125 minutos não utilizados.

Aplicando as ferramentas Lean, podemos reduzir o tempo de paragem da máquina em 40 minutos, evitando a manutenção e fazendo a manutenção nas férias.

Tempo total não utilizado 3525+40=3565 min

$$\%Utilation = \frac{15000 - 3565}{15000} * 100$$

=76.23%

Podemos aumentar a utilização da máquina em 9,73%

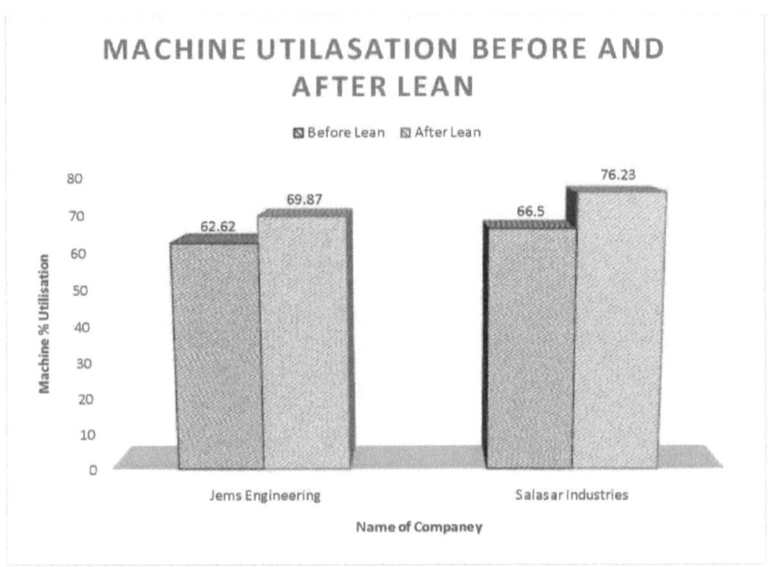

Gráfico No: 5.3 Utilização das máquinas antes do Lean e depois do Lean

5.2.13. aumento da produção global:

- Para a jems Engineering:

100 n.ºs de tamanho de lote antes de Lean tempo total=20dias

100 N.ºs de tamanho de lote Depois de Lean tempo total=15 dias

Assim, através de uma relação empírica, conclui-se que, num mês (25 dias úteis), a produção total da Jems Engineering antes da aplicação da metodologia Lean =125 bombas.

Alterar a filosofia Lean Aplicar, produção total=166 Bombas

Assim, o aumento da produção total devido ao sistema Lean=166-125=41 Nos.

em incrementos de % de bombagem=32,8%.

- Para a Salasar Industries:

100 n.ºs de tamanho de lote antes de Lean tempo total=17dias

100 N.ºs de tamanho de lote Depois de Lean tempo total=14 dias

50, por relação empírica conclui-se que, num mês (25 dias úteis), a produção total das Indústrias Salasar antes da aplicação do Lean =147 bombas.

Alterar a filosofia Lean Aplicar, produção total=179 Bombas

50, Aumento total da produção devido ao sistema Lean=179-147=32 N.º de bombas

Em incrementos de %=21,76%.

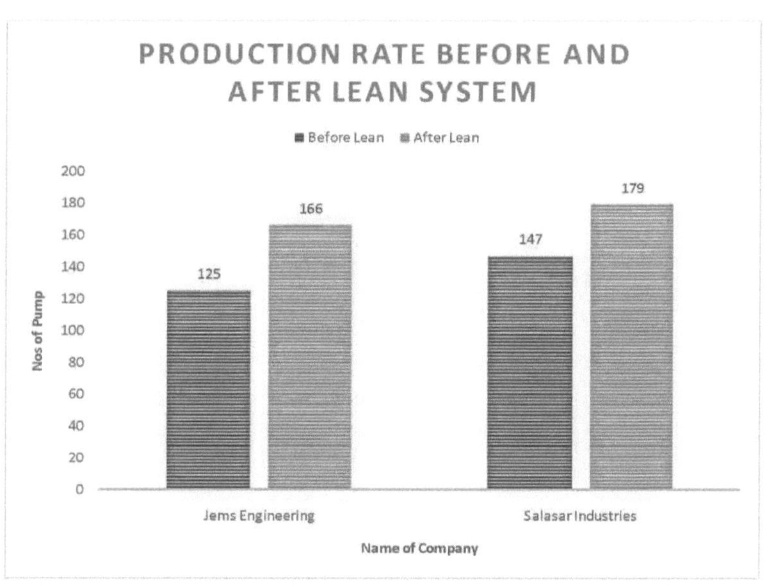

Gráfico n.º: 5.4 Taxa de produção antes do Lean e depois do Lean

5.2.4. Incrementos globais de vendas:

- Para a Jems Engineering:

  De acordo com os dados fornecidos pela empresa, o custo do modelo de bomba submersível em funcionamento é de Rs.36400, **pelo que o aumento das vendas=36400X41 Nos=Rs.14,92,400**

- Para a Salasar Industries:

  O aumento é de vendas=36400X32 Nos=Rs. 11,64,800

5.2.5. A utilização do espaço está corretamente organizada.

Inicialmente, observa-se que todos os materiais não estão dispostos de forma adequada, pelo que a maior parte do espaço não é utilizada e a área de trabalho é demasiado pequena. Ao organizar todos os materiais e utilizar a ferramenta Lean 5s. A área de rejeição não existe em ambas as fábricas, pelo que um canto é utilizado como zona de rejeição. Separação da zona de rejeição e de retrabalho.

Antes de aplicar a ferramenta Lean, a maior parte do material é colocada no chão, mas criamos uma estrutura de aço macio e uma paleta para colocar os produtos semi-acabados e acabados, de modo a que tudo esteja organizado de forma adequada e a utilizar o espaço.

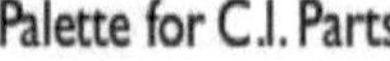
Palette for C.I. Parts

Weight with trolley

Figura 5.9 Disposição correta do material após Lean

5.3 RESUMO DOS RESULTADOS:

Quadro n.º: 5.3 Resumo dos resultados

Sr. No	Types of Waste	Issue	Name of Company	Action Taken
1	Transportation of Material and Worker	Company having winding division on first floor so over transportation	Jems Engineering	Winding Division shifted to Ground Floor
		Company installed zigzag machinery	Salasar Industries	Installed Machinery in line
2	High Inventory	Company Keep every part in large amount to support the production system.	Both	Make a computer program so reduced Raw Material, semi-finished and finish goods
3	Waiting	Pending order, Late delivery, Urgent material requirment	Both	Identify the proper supplier by past history, reduce WIP and Lead time by using JIT and 5s.
4	Not utilized the Men Power Skill	Rework and Rejection	Both	Identify the worker skilled by personal meeting, giving proper training of Lean System.

5.3.1 Análise de resultados por sector:

Quadro n.º: 5.4 Análise de resultados por sector Nome dos sectores: Jems Engineering

Metrics	Before Lean	After Lean	Result
Cycle time	15days	13days	2 days Reduce
Lead Time	5 days	2 days	3 days Reduce
Equipment % Utilization	62.62%	69.87%	7.25% Increase
Total Production Time	96 Minutes	72 Minutes	25% Reduce
Pump Production Rate	125 Nos	166 Nos	32.8% Increase
Space Utilization	1500 Sq. Feet	750 Sq. Feet	50% Reduce

Nome das indústrias: **Indústrias Salasar.**

Metrics	Before Lean	After Lean	Result
Cycle time	13days	12days	1 day Reduce
Lead Time	4 days	2 days	2 days Reduce
Equipment % Utilization	66.50%	76.23%	9.73% Increase
Total Production Time	102 Minutes	84 Minutes	17.64 % Reduce
Pump Production Rate	147Nos	179 Nos	21.76 % Increase
Space Utilization	1800 Sq. Feet	800 Sq. Feet	55% Reduce

CAPÍTULO 6

CONCLUSÃO E ÂMBITO DO TRABALHO FUTURO.

Neste capítulo, resumimos os principais aspectos da investigação e apresentamos as conclusões, bem como a direção futura do trabalho.

6.1SÍNTESE DA INVESTIGAÇÃO

O fabrico enxuto foi desenvolvido como um sistema que as organizações podem utilizar para melhorar as suas operações. O fabrico enxuto é considerado uma forma de poupar dinheiro às empresas através de um processo de identificação de valor e de redução de desperdícios. A perspetiva para as empresas é a melhoria da qualidade, a redução dos custos e o aumento do valor para o cliente. O LMI foi formalizado em passos e métodos simples, comercializados para as empresas como um sistema para fazer evoluir as suas operações para uma organização LM. Infelizmente, a LM foi retirada de um sistema mais vasto, a Toyota Way (Liker, 2004), e, ao fazê-lo, a LM e a LMI funcionam muitas vezes fora dos limites do seu contexto inicial mais importante: um sistema de gestão eficaz. O sistema de gestão eficaz é crucial, uma vez que, através da sua estrutura e do seu processo, o sistema de gestão proporciona a liderança, que é a força vital da gestão do tráfego local e da gestão do tráfego local.

Principais benefícios para a nossa empresa com a implementação do Lean:

- Fluxo de produção suave
- Gerir o trabalho em curso (WIP)
- Reduzir o tempo de entrega (tempo total de produção)
- Reduzir o retrabalho
- Aumento da utilização da máquina.
- Aumento das vendas e do volume de negócios anual.

Nas indústrias salasar e jems engineering, implementamos JIT, 5s e VSM em ambas as indústrias. Cada ferramenta tem a sua importância no respetivo domínio. O JIT é a ferramenta mais adequada para as indústrias jems em comparação com as indústrias Salasar. O aumento da taxa de produção total nas indústrias de Salasar é mais elevado do que nas indústrias de Jems, utilizando a ferramenta Lean 5s e VSM. Os resultados mostram que a aplicação da ferramenta Lean tem as vantagens acima referidas para aumentar a produção, eliminando os desperdícios e reduzindo o WIP e o retrabalho e a rejeição.

Todas as PME em Ahmedabad têm os seus problemas individuais para implementar o sistema Lean Muitas PME não estão conscientes da filosofia Lean e das vantagens do sistema Lean. O governo tem de dar o passo necessário para a consciencialização da filosofia Lean e também fornecer formação ao proprietário das PME e ao seu pessoal.

A chave para o sucesso da Toyota não é a LM. A chave do sucesso da Toyota é a liderança. A LM é um produto da sua liderança. De forma semelhante, a cultura da Toyota é um elemento vital para o seu sucesso; no entanto, não é a chave do seu sucesso, uma vez que a sua cultura é também um produto da sua liderança. A liderança da Toyota criou uma cultura de líderes que desenvolvem líderes num ambiente aberto, respeitoso, inovador, colaborativo e empenhado na melhoria contínua, procurando a perfeição. A cultura flui da liderança e é alimentada pela confiança. Uma liderança efectiva é necessária para uma implementação lean bem sucedida.

6. 2TRABALHOS FUTUROS

Este trabalho foi o primeiro passo para explorar e estudar a oportunidade de implementar o pensamento enxuto nas PMEs, principalmente nas indústrias de bombas submersíveis, e muitos outros passos e abordagens podem ser propostos com o objetivo de melhorar a eficiência da indústria de bombas submersíveis. Como é frequentemente o caso em cada investigação, são levantadas questões adicionais e são abertas novas oportunidades de estudo.

1 Com base nos resultados da investigação, há uma série de desperdícios e actividades sem valor acrescentado associados às indústrias de bombas

submersíveis, tais como a sobreprodução, o processamento excessivo, o movimento extra, o transporte de materiais indesejados e níveis elevados de inventário. Os trabalhos futuros sugeridos podem ser na área da identificação e implementação da abordagem lean adequada para resolver cada um destes desperdícios; por exemplo, uma tentativa de implementar a abordagem just in time nas PMEs pode ser uma área de investigação adequada para resolver o problema do aumento do WIP e do inventário. Em resumo, existem boas oportunidades para abordar e estudar cada atividade sem valor acrescentado

2-A presente investigação mencionou brevemente as barreiras e os obstáculos que podem impedir o processo de melhoria nas PME da região de Ahmedabad; por conseguinte, um estudo aprofundado e intensivo e a investigação destas barreiras e dos seus métodos de eliminação podem ser recomendados como oportunidade para trabalhos futuros.

3-Além disso, o foco principal de outra investigação futura deve ser na área empírica, através da tentativa de validar os passos de transição propostos em diferentes organizações.

4-A filosofia Lean tem uma grande variedade de ferramentas, pelo que é muito importante verificar a viabilidade da implementação Lean nas PMEs ou em qualquer indústria e recolher todas as informações sobre as ferramentas Lean, para que possamos finalizar a ferramenta Lean adequada para as respectivas indústrias para obter melhores resultados.

CAPÍTULO 7

REFERÊNCIAS

-Achanga , P., Shehab, E., Roy, R, e Nelder, G., (2006), "Critical success factors for Lean implementation within SMEs", Journal of Manufacturing Technology Management, vol. 17, no. 4, pp. 460-471.

-Ahlstrom , P., (2004), "Lean service operations: translating lean production principles to service operations", Journal of Services Technology and Management, vol. 5, no. 56, pp.545-564.

-Ahmed , S., Hassan, M.H., and Taha, Z., (2005), "TPM can go beyond maintenance: excerpt from a case implementation", Journal of Quality in Maintenance Engineering, vol. 11, no. 1, pp. 19-42.

-Ahlstrom , P., e Karlsson, C., (1996), "Change processes towards lean production: the role of the management accounting system", International Journal of Operations andProduction Management, vol. 16, no. 11, pp. 42-56.

-Al-khalifa , K.N., e Aspinwall, E.M., (2000), "The development of total quality management in Qatar", The TQM Magazine, vol. 12, no.3, pp. 194-204.

-Allen , J., Robinson, C., e Stewart, D., (2001), "Lean Manufacturing: A Plant Floor Guide", 1ª edição, Society of Manufacturing Engineers, Dearborn, Michigan, EUA.

-Antony , J., Anand, R. B., Kumar, M., e Tiwari, M.K., (2006), "Multiple response optimization using Taguchi methodology and neuro-fuzzy based model", Journal of Manufacturing Technology Management, vol. 17, no. 7, pp. 908-925.

-Antony , J., e Antony, F. J., (2001), "Teaching the Taguchi method to industrial engineers", Journal: Estudo do Trabalho, vol. 50, no. 4, pp. 141-149.

-Antony , J., Somasundarum, V., e Fergusson, C., (2004), "Applications of Taguchi approach to statistical design of experiments in Czech Republican industries", International Journal of Productivity and Performance Management, vol. 53, no. 5, pp447-457.

-Arditi, D., e Gunaydin, H.M., (1997), "Total quality management in the construction process", International Journal of Project Management, vol. 15, no.4, pp.235-243.

-Arnheiter , E.D., e Maleyeff, J., (2005), "The integration of lean management and Six Sigma", The TQM Magazine, vol. 17, no.1, pp.5-18.

-Atkinson , P., (2004), "Creating and implementing Lean strategies", Journal of Management Services, vol.48, no. 2, pp. 18-21.

-Baker, D., (1999), "Strategic human resource management: performance, alignmen t, management", Journal of Librarian Career Development, vo!7, no.5, pp.51-63.

-Baker, P., (2002), "Why is lean so far off?", Journal of Works Management, vol. 55, no. 10, pp. 26.

-Bamber , C.J., Sharp, J.M. e Hides, M.T., (2000), "Developing management systems towards integrated manufacturing: a case study perspective", Journal of IntegratedManufacturing Systems, vol. 11, no.7, pp. 454-461.

-Banuelas , R., e Antony, J., (2004), "Six sigma or design for six-sigma", The TQM Magazine, vol.16, no.4, pp. 250-263.

-Behara , R.S., Fontenot, G.F., e Gresham, A., (1995), "Customer satisfaction measurement and analysis using six-sigma", International Journal of Quality and Reliability Management, vol.12, no.3, pp. 9-18.

-Bhasin , S., e Burcher, P., (2006), "Lean viewed as a philosophy", Journal of Manufacturing Technology Management, vol. 17, no. 1, pp. 56-72.

-Bhasin S., (2012) prominent obstacles to Lean"", International Journal of Productivity and Performance Management, Vol. 61 ISSN: 4, pp.403 - 425".

-Brown , C., Collins, T e McCombs, E., (2006), "Transformation from batch to Lean manufacturing: the performance issues", Engineering Management Journal, vol 18, no.2.

-Brunet , A.P., New, S., (2003), "Kaizen in Japan: an empirical study", International

Journal of Operations andProduction Management, vol. 23 no.12, pp.1426-46. - Brunet, P., (2000), "KAIZEN IN JAPAN", Kaizen: From Understanding to Action (Ref. No. 2000/035), Seminário IEE, pp.1-10.

-Bicheno , J., (2000), "The Lean Tool Box", 2ª edição, PICSIE Books, Buckingham, Inglaterra, pp. 63-64.

-Braiden , B.W., and Morrison, K.R., (1996), "Lean manufacturing optimization of automotive motor compartment system", Proceedings of the 19th International Conference on Computers and Industrial Engineering, vol.31, no.1-2, pp. 99-102.

-Bris , R, Chatelet, E., e Yalaoui, F., (2003), "New method to minimize the preventive maintenance cost of series-parallel systems", Journal of Reliability Engineering and System Safety, vol. 82, no. 3, pp. 247-255.

-Burkitt , K.H, Mor, M. K., Jain, R., Kruszewski, M. S., McCray, E.E., Moreland, M. E., Muder, RR, Obrosky,D. S., Sevick, M. A., Wilson,M. A., e Fine, M.J., (2009), "Toyota Production System Quality Improvement Initiative Improves Preoperative Antibiotic Therapy", The American Journal of Managed Care, vol.15, no.9, pp.633642.

-Carreira , B., (2005), "Lean Manufacturing that works: powerful tools for dramatically reducing waste and maximizing profits", 2ª edição, AMACOM, NewYork, EUA, pp.49-61.

-Cauchick Miguel, P.A., e Prieto, E., (2008), "Transferir actividades de valor acrescentado no desenvolvimento de novos produtos: A multiple case study in the automotive sector within modular strategy context", Portland International Conference on Management of Engineering and Technology, PICMET2008, pp. 1235 - 1246.

-Chan , F. T. S., Lau, H. C. W., Ip, R W. L., Chan, H. K., e S. Kong., (2005), "Implementation of total productive maintenance: A case study", International Journal of Production Economics, vol 95, no. 1, pp. 71-94.

-Chaneski, W., (2003), "Following a proven path to Lean implementation", Magazine of Modern Machine Shop, vol 75, no. 9, pp. 46.

-Chen , J.C., Duggcr, J., c Hammer, B., (2002), "A Kaizen Based Approach for Cellular Manufacturing System Design: A Case Study", The Journal of Technology Studies, vol.27, no.l, pp.19-27.

-Chiu , R.K., (1999), "Employee involvement in a total quality management program problems in Chinese firms in Hong Kong", Journal of Managerial Auditing, vol. 14, n.º 12, pp. 8-11.

-Coronado , R. B., e Antony, J., (2002), "Critical success factors for the successful implementation of six sigma projects in organizations", The TQM Magazine, vol 14, no.2.

-Creswell , J. W., (2009), "Research design: Qualitative and quantitative approaches", 3ª edição, SAGE Publications, Thousand Oaks, EUA.

-Devane ,T,(2004), "Integrating Lean Six Sigma and High Performance Organizations: Leading the Charge Toward Dramatic, Rapid, and Sustainable Improvement", 1ª edição, Jhone Wiley and Sons, Inc, São Francisco, EUA, pp. 129.

-Duguay , C. R., Landry, S., e Pasin, F., (1997), "From mass production to Flexible /agile production", Journal of Operations and Production Management, vol. 17, no. 12, pp. 1183-1195.

-Duwayri , Z., Mollaghasemi, M., Nazzal, D., e Rabadi, G., (2006), "Scheduling setup changes at bottleneck workstations in semiconductor manufacturing", Journal of Production Planning and Control, vol. 17, no.7

October, pp. 717 - 727.

-Elsey , B., e Fujiwara, A., (2000), "Kaizen and technology transfer instructors as work-based learning facilitators in overseas transplants: a case study", Journal of Workplace Learning, vol. 12, no.8, pp.333-341.

-Eti , M. C., Ogaji, S. O. T., e Probert, S. D., (2006), "Development and implementation of preventive-maintenance practices in Nigerian industries", Journal of Applied Energy, vol. 83, no.10, pp.1163-1179.

-Fowler, A., (2003), "Systems modelling, simulation, and the dynamics of strategy", Journal of Business Research, vol. 56, no. 2, pp.135-144.

-Galpin , T., (1996), "Connecting culture to organizational change", HR Magazine, vol. 41, no. 3, pp. 84-90.

-Ghosh , B. C., e Song, L.K., (1994), "Total quality management in manufacturing: A study in the Singapore context", Journal of Systemic Practice and Action Research, vol. 7, no, 3, pp. 255-

-Goh , T.N., e Xie, M., (2004), "Improving on the six-sigma paradigm", The TQM Magazine, vol.16, no.4, pp. 235-240.

-Hallgren , M., Olhager, J., (2009), "Lean and agile manufacturing: external and internal drivers and performance outcomes", Journal of Operations and production Management, vol. 29, n.º 10, pp. 976-999.

-Henderson , K.M., e Evans, J.R., (2000), "Successful implementation of Six Sigma: benchmarking General Electric Company", Benchmarking: An International Journal, vol.7, no.4, pp. 260-282.

-Hicks, B.J., (2007), "Lean information management: Understanding and eliminating waste", International Journal of Information Management, vol. 27, no. 4, pp. 233249.

-Hines, P., Rich, N., (1997), "The seven value stream mapping tools", International Journal of Operations andProduction Management, vol. 17, no.1, pp.46-64.

-Hokoma , R. A., Khan, M. K., and Hussain, K., (2008), "Investigation into the implementation stages of manufacturing and quality techniques and philosophies within the Libyan cement industry", Journal of Manufacturing Technology Management, vol. 19, no. 7, pp. 893-907.

-Ireland , F., e Dale, B.G., (2001), "A study of total productive maintenance implementation", Journal of Quality in Maintenance Engineering, vol 7, no. 3, pp. 183191.

-Jacquez , J. A., (1998), "Design of experiments", Journal of the Franklin Institute, vol 335, no2, pp.259-279.

-Jambekar , A.B., (2000), "A systems thinking perspective of maintenance, operations, and process quality", Journal of Quality in Maintenance Engineering, vol. 6, no. 2, pp.123-132

-Kempton , J., (2006), "Can lean thinking apply to the repair and refurbishment of properties in the registered social landlord sector?", Structural Survey journal, vol. 24, no. 3, pp. 201-211.

-Kennerley , M., e Neely, A., (2003), "Measuring performance in a changing business environment", International Journal of Operations and Production Management, vo!23, no.2, pp. 213-229.

-Ketkamon , K., e Teeravaraprug, J., (2009), "Value and Non-Value Added Analysis of Incoming Order Process", Actas da Multiconferência Internacional de Engenheiros e Cientistas Informáticos IMECS 2009, vol II, 18-20 de março de 2009, Hong Kong.

-Khalfan , A.M., (2004), "Information security considerations in IS/IT outsourcing projects: a descriptive case study of two sectors", International Journal of Information Management, vo!24, no.1, pp.29-42.

-Kumar , V., (2010), "JIT Based Quality Management: Concepts and

Implications in Indian Context", International journal of Engineering Science and Technology, vo!2, no.1, pp.40-50.

-Lawrence , J.J., e Lewis, H.S., (1993), "JIT manufacturing in Mexico: obstacles to implementation", Journal of Production and Inventory Management, vo!34, no.3, pp.31-35.

-Lee , G.C., Kim, Y.D., e Choi, S.W., (2004), "Bottleneck-focused scheduling for a hybrid flow shop", International Journal of Production Research, vol. 42, no.1, pp. 165- 181.

-Lee , Y. H., Lee, B., (2003), "Push-pull production planning of the re-entrant process", international Journal Advanced Manufacturing Technology, vol 22, no. 1112, pp. 922931.

-Lee-Mortimer , A., (2006), "Six Sigma: a vital improvement approach when applied to the right problems, in the right environment", journal of Assembly Automation, vo!26, no.l, pp. 10-17.

-Liker , J.K., (2004), "The Toyota way: 14 management principles from the world's greatest manufacturing", 1ª edição, McGraw-Hill, Nova Iorque, NY, EUA, pp. 29 e 3541 e 140-144.

-Maskell , B. H., Kennedy, F. A., (2007), "Why we need Lean accounting and how does it work?", Journal of corporate accounting and financial, vol. março/abril, pp. 59-73.

-Maughan , G.R., e Anderson, T., (2005), "Linking TQM Culture to TraditionalLearning Theoties", Journal of Industrial Technology, vol.21, no.4, pp2-7.

-McKone , K. E., Schroeder, R. G., e Cua, K.O., (2001), "The impact of total productive maintenance practices on manufacturing performance", Journal of Operations Management, vol 19, no. 6, pp. 39-58.

-Narang , R.V., (2009), "Some Issues to Consider in Lean Production", Primeira Conferência Internacional sobre Tendências Emergentes em Engenharia e Tecnologia, pp. 749753

-Neely, A., Adams, C., e Crowe, P., (2001), "The performance prism in practice", Journal of Measuring Business Excellence, vol.5, no.2, pp. 6-13.

-Neely, A., Gregory, M., e Platts, K., (2005), "Performance measurement system design", International Journal of Operations and Production Management, vol 25, no. 12, pp. 1228-1263

-Persoon , T.J., Zaleski, S., e Frerichs, J., (2006), "Improving Preanalytic Processes Using the Principles of Lean Production (Toyota Production System)", American Journal of Society for Clinical Pathology, vol.2006, no. 125, pp.16-25.

-Scandura , T.A., e Williams, E.A., (2000), "Research Methodology in Management: Current Practices, Trends, and Implications for Future Research", Journal of The Academy ofManagement, vol. 43, no. 6, pp. 1248-1264

-Schroeder , R.G., Linderman, K., Liedtke, C., e Choo, A.S., (2008), "Six Sigma: Definition and underlying theory", Journal of Operations Management, vol.26, n.º 4, pp. 536-554

-Shah , R., Ward. P. T., (2007). "Defining and developing measures of lean production", Journal of Operations Management, vol. 25, no. 4, pp. 785-805.

-Shea , J., e Gobeli, D., (1997), "TQM: The experiences often small businesses", Journal of Business Horiznos, vol. 38, no,1, pp. 71-77.

-Sim , K. L., Rogers, J. W., (2009) "Implementing lean production systems: barriers to change", Journal of Management Research News, vo!32, no.1, pp. 37-49.

-Styhre , A., (2001), "Kaizen, ethics, and care of the operations management after empowerment", Journal of Management Studies, Vol. 38 No.6, pp.795-810.

-Suwignjo , P., Bititci, U. S., e Carrie, A. S., (2000), "Quantitative models for performance measurement system", International Journal of Production Economics, vol. 64, no.1-3, pp.231-241.

-Villacreses , Dr. Kleber Barcia (2003). A Methodology for Identifying and Eliminating Waste in Office Environments (Dissertação de Doutorado, Universidade do Texas em Arlington, 2003). Michigan: UMI Microforma 3092472.

-Womack , J. P., Jones, D. T., (2003) "Lean thinking: Banir o desperdício e criar riqueza na sua empresa", 2ª edição, Simon and Schuster Inc, Londres, Reino Unido, pp.15-90

-Youssef , S., (2006), "Total Quality Management Framework for Libyan Process and Manufacturing Industries", Tese de Doutoramento, Universidade de Cranfield, Cranfield, Reino Unido.

-Zarger , A., (1995), "Effect of rework strategies on cycle time", 17th International Conference on Computers and Industrial Engineering, vol. 29, pp.239-43

Printed by Books on Demand GmbH, Norderstedt / Germany